# 电网典型故障处置案例汇编

（2018~2023 年）

国家电力调度控制中心　组编

中国电力出版社
CHINA ELECTRIC POWER PRESS

## 内 容 提 要

本书对 2018～2023 年具有代表性和典型参考意义的较大电网故障进行了总结和分析，从交流系统故障、直流系统故障、发电机组故障、自然灾害引发的电网故障、二次系统异常引发的电网故障、电网连锁类故障、电网功率波动类故障、国外大停电故障 8 个方面精选了 52 个故障案例，供我国电力系统安全生产工作人员学习、借鉴。

**图书在版编目（CIP）数据**

电网典型故障处置案例汇编. 2018～2023 年/国家电力调度控制中心组编. --北京：中国电力出版社，2024.12. --ISBN 978-7-5198-9252-4

Ⅰ. TM7

中国国家版本馆 CIP 数据核字第 2024Z7N315 号

---

出版发行：中国电力出版社
地　　址：北京市东城区北京站西街 19 号（邮政编码 100005）
网　　址：http://www.cepp.sgcc.com.cn
责任编辑：陈　倩　陈　丽
责任校对：黄　蓓　朱丽芳
装帧设计：王红柳
责任印制：石　雷

印　　刷：三河市万龙印装有限公司
版　　次：2024 年 12 月第一版
印　　次：2024 年 12 月北京第一次印刷
开　　本：710 毫米×1000 毫米　16 开本
印　　张：10.25
字　　数：170 千字
定　　价：52.00 元

---

**版 权 专 有　侵 权 必 究**

本书如有印装质量问题，我社营销中心负责退换

# 电网典型故障处置案例汇编
（2018~2023 年）

## 编委会

| 主　　任 | 王国春 | 董　昱 | 李　丹 | | |
|---|---|---|---|---|---|
| 副 主 任 | 许　涛 | 李　勇 | 贺静波 | | |
| 委　　员 | 周　济 | 葛　睿 | 庄　伟 | 刘　东 | 张　放 |
| 编写成员 | 李尚远 | 南佳俊 | 郝　然 | 郑黎明 | 马翔宇 |
| | 李　磊 | 闻　旻 | 蔡　煜 | 韩世杰 | 樊嘉杰 |
| | 李晓柯 | 李光辉 | 姜　枫 | 彭　松 | 王　岸 |
| | 崔　岱 | 谷　炜 | 周良才 | 王　茗 | 丁超杰 |
| | 柴润泽 | 杨　良 | 盛同天 | 宋鹏程 | 李承昱 |
| | 刘华坤 | 暴英凯 | 田　庄 | 贺启飞 | 刘显壮 |
| | 马子明 | 殷加珙 | 齐　峰 | 张文扬 | 齐世雄 |
| | 范新凯 | 孔　亮 | 曹　帅 | 许　通 | 王国阳 |
| | 刘　威 | 李昊宇 | 郭艺潭 | 桑茂盛 | 吴天昊 |
| | 许超群 | 曲　明 | 丛立章 | 贺永杰 | 夏　天 |
| | 李浩志 | 王家乐 | | | |

# 前 言

近年来，电力系统的结构和形态逐步发生深刻变化，新能源占比不断提高，特高压交直流互联大电网高速发展，新设备、新技术大量应用，电力系统特性日益复杂，尤其是交直流联锁故障、电网抵御严重自然灾害能力不足等问题的出现给当前电力系统安全稳定运行带来新挑战。总结电网故障发生的规律和特点，认真吸取相关教训、总结相关经验，有针对性地采取应对措施，对加强和规范电网安全管理工作、提高故障抵御水平、促进大电网安全稳定运行具有重要意义。

本书对 2018~2023 年具有代表性和典型参考意义的较大电网故障进行了总结和分析，从交流系统故障、直流系统故障、发电机组故障、自然灾害引发的电网故障、二次系统异常引发的电网故障、电网连锁类故障、电网功率波动类故障、国外大停电故障 8 个方面精选了 52 个故障案例，供我国电力系统安全生产工作人员学习、借鉴。

由于时间仓促和编写人员水平所限，疏漏之处在所难免，恳请读者批评指正。

编者

2024 年 8 月

# 目 录

前言

## 第一章 交流系统故障 ·················································· 1

### 第一节 母线故障 ··················································· 1
案例 1 "1·13"某电网 A 站 220kV 西母故障跳闸 ················· 1

### 第二节 变压器故障 ················································· 3
案例 2 "10·5"某电网 A 站 500kV 2 号主变压器故障跳闸 ········· 3
案例 3 "11·22"某电网 A 站 1000kV 3 号主变压器故障跳闸 ······· 7

### 第三节 刀闸故障 ··················································· 10
案例 4 "5·18"某电网 500kV AB 三线、AC 二线因刀闸故障同时跳闸 ··· 10
案例 5 "7·15"某电网 B 站 1000kV 2 号母线因刀闸故障跳闸 ······· 13

### 第四节 开关故障 ··················································· 15
案例 6 "6·23"某电网 1000kV B 站多设备因开关故障跳闸 ········· 15
案例 7 "8·22"某电网 500kV A 站多设备因开关故障跳闸 ·········· 18

### 第五节 TA 故障 ···················································· 21
案例 8 "6·1"某电网 500kV Z 站多设备因 TA 故障跳闸 ············ 21
案例 9 "3·15"某电网 A 站 220kV 多设备因 TA 故障跳闸 ·········· 24

### 第六节 违规作业 ··················································· 28
案例 10 "8·14"某区域电网甲地区 500kV AB 一线因现场违规作业跳闸 ····· 28
案例 11 "10·14"某电网 A 站 220kV Ⅱ母因现场违规作业跳闸 ······ 31

### 第七节 其他 ······················································· 35
案例 12 "3·1"某电网 220kV A 水电厂全停 ······················ 35

## 第二章 直流系统故障 ·················································· 40

### 第一节 直流线路故障 ··············································· 40
案例 1 "12·16"KH 直流双极因跨越线路覆冰脱落闭锁 ············ 40
案例 2 "1·28"MN 直流极Ⅱ低端换流器因线路覆冰闭锁 ·········· 42
案例 3 "9·27"PQ 直流极Ⅰ因线路山火闭锁 ····················· 44

### 第二节 换流变压器故障 ············································· 46
案例 4 "11·4"RS 直流极Ⅰ低端换流器因 R 换流站换流变压器套管
故障闭锁 ·················································· 46

# 目 录

  案例 5 "6·4" UV 直流极Ⅱ低端换流器因 U 换流站换流变压器本体
    故障闭锁 ………………………………………………………………… 48
 第三节 直流滤波器故障 ………………………………………………………… 50
  案例 6 "7·8" XY 直流极Ⅱ因直流滤波器故障闭锁 ……………………… 50
 第四节 光 TA 异常 ……………………………………………………………… 52
  案例 7 "1·7" KQ 直流双极因光 TA 测量异常先后闭锁 ………………… 52
  案例 8 "7·8" LR 直流极Ⅱ因光 TA 测量异常闭锁 ……………………… 54
 第五节 控制系统异常 …………………………………………………………… 56
  案例 9 "7·7" KQ 直流单元Ⅰ因阀控通信板卡故障闭锁 ………………… 56
 第六节 辅助设备异常 …………………………………………………………… 57
  案例 10 "7·10" KQ 直流双极因 Q 换流站冷却水系统异常闭锁 ………… 57
 第七节 直流地线故障 …………………………………………………………… 59
  案例 11 "2·13" KQ 直流极Ⅰ因地线覆冰下垂闭锁 ……………………… 59
  案例 12 "1·25" LR 直流极Ⅱ因地线覆冰下垂闭锁 ……………………… 61

## 第三章 发电机组故障 ………………………………………………………… 63

 第一节 冷却系统异常 …………………………………………………………… 63
  案例 1 "7·20" 某区域电网 A 电厂多台机组因冷却水系统异常故障跳闸 …… 63
 第二节 机网协调性不足 ………………………………………………………… 66
  案例 2 "8·28" A 电厂 2 号机组故障停机 …………………………………… 66
  案例 3 "5·30" H 电厂 1、2 号机组，I 电厂 1 号机组故障停机 …………… 68
 第三节 燃烧系统异常 …………………………………………………………… 70
  案例 4 "11·5" 某区域电网 A 电厂 2 号机组因给煤机故障跳闸 …………… 70
 第四节 汽水系统异常 …………………………………………………………… 72
  案例 5 "4·8" a 区域电网 H 电厂 1 号机组因给水泵故障停机 …………… 72
 第五节 电气系统异常 …………………………………………………………… 74
  案例 6 "7·23" 某区域电网 A 电厂 4 号机组励磁系统故障跳闸 …………… 74

## 第四章 自然灾害引发的电网故障 ……………………………………………… 76

  案例 1 "6·28" 甲电网多设备因雷暴大风跳闸 ……………………………… 76
  案例 2 "7·20" 某电网 500kV B 站因暴雨全停 ……………………………… 78
  案例 3 "8·10" 台风"利奇马"造成某电网多条线路停运 ………………… 82

# 目　录

案例 4　"12·18"甲省某地地震造成乙省 A 地区孤网 …………………… 85

## 第五章　二次系统异常引发的电网故障 ……………………………………… 91
### 第一节　二次回路异常 ……………………………………………………… 91
案例 1　"4·17"某电网 B 站多设备紧急停运 …………………………… 91
案例 2　"10·15"甲电网 500kV B 电厂 a 区域电网侧出线全停 ……… 94
案例 3　"8·6"某电网 A 站 500kV 1 号主变压器故障跳闸 …………… 97
案例 4　"5·18"某电网 A 站 750kV 2 号母线跳闸 …………………… 99
### 第二节　现场违规作业 ……………………………………………………… 102
案例 5　"3·14"某电网 750kV AD 一线跳闸 ………………………… 102
### 第三节　合并单元故障错误 ………………………………………………… 105
案例 6　"4·24"某电网 500kV BCⅡ线跳闸 …………………………… 105
案例 7　"7·27"某电网 A 站 500kV 1 号主变压器等设备跳闸 ……… 107
### 第四节　二次系统误操作 …………………………………………………… 109
案例 8　"5·27"某区域电网 E 电厂 500kV 1 号母线因误操作导致母线跳闸 … 109
### 第五节　控制系统异常 ……………………………………………………… 111
案例 9　"3·1"甲电网 AGC 系统异常 ………………………………… 111
案例 10　"10·23"某电网 500kV A 站通信电源故障 ………………… 114

## 第六章　电网连锁类故障 ……………………………………………………… 118
案例 1　"9·8"AB 直流 A 换流站交流短路引发多级连锁故障 ……… 118
案例 2　"2·8"AB 直流双极相继闭锁 …………………………………… 123

## 第七章　电网功率波动类故障 ………………………………………………… 127
案例 1　"12·2"某电网 500kV E 电厂 2 号机组因励磁系统异常发生功率
　　　　波动 …………………………………………………………… 127
案例 2　"3·27"某电网 500kV E 电厂 4 号机组因调速系统发生功率波动 …… 130
案例 3　"4·15"500kV 某电网 E 电厂 1 号机组因人员误操作引发功率波动 … 133

## 第八章　国外大停电故障 ……………………………………………………… 137
案例 1　"8·9"英国大停电 ……………………………………………… 137
案例 2　"3·21"巴西大停电 ……………………………………………… 143
案例 3　"8·15"巴西大停电 ……………………………………………… 149

# 第一章 交流系统故障

## 第一节 母线故障

### 案例1 "1·13"某电网A站220kV西母故障跳闸

#### 一、概要

某年1月13日21：51，某电网W地区A站220kV西母因A220西刀闸与西母连接处气室放电故障跳闸，接在故障母线上的220kV 1、2号主变压器高压侧开关和220kV Ⅰ BA线同时跳闸。故障期间，低压脱扣导致工业负荷减少12万kW。

#### 二、故障前运行方式

故障发生前，220kV A站A220母联开关在合位，220kV东、西母并列运行；其中，220kV Ⅰ BA线、220kV 1、2号主变压器运行于A站220kV西母；Ⅱ BA线、AC线、A 3号主变压器运行于A站220kV东母。A站站内一次接线图如图1-1所示，A站近区电网接线图如图1-2所示。故障前潮流情况如下：Ⅰ BA线，13.9万kW送A站；Ⅱ BA线，13.8万kW送A站；AC线，3.2万kW送C站；A 1、2、3号主变压器下送功率分别为8.2万kW、8.1万kW、8.1万kW，总计24.4万kW，均为工业负荷。

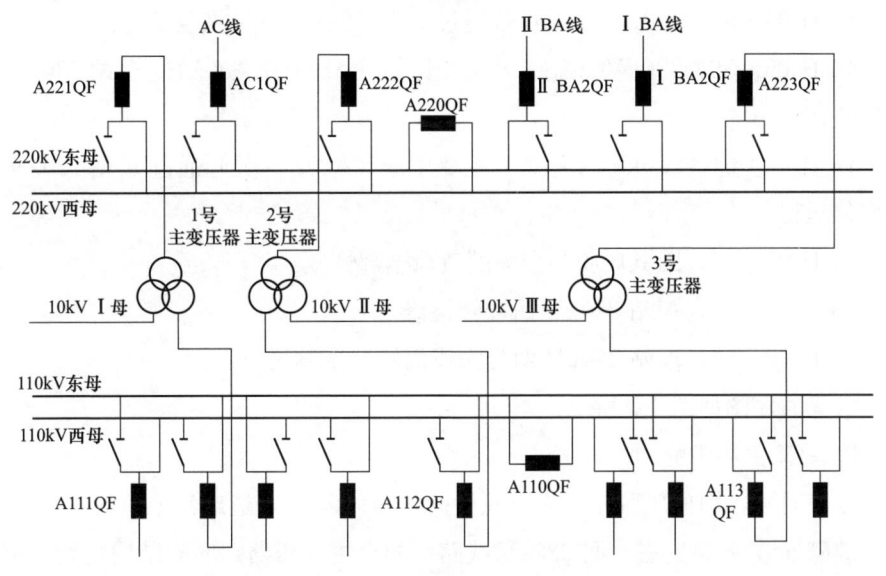

图1-1 A站站内一次接线图

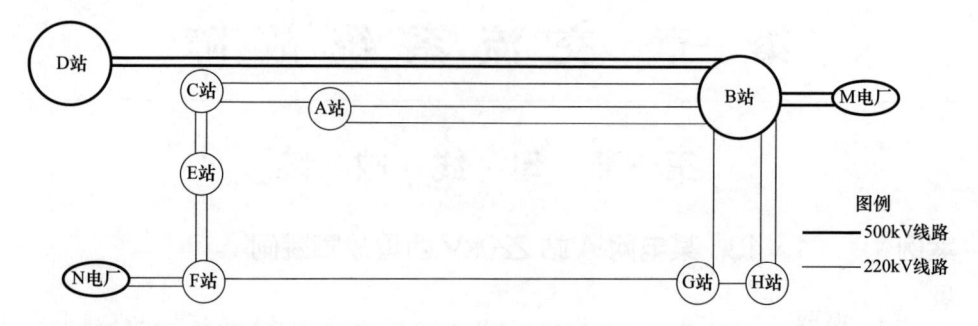

图1-2　A站近区电网接线图

### 三、故障过程

1. 具体经过

13日21：51，A站220kV西母双套母差保护动作，接在故障母线上的220kV 1、2号主变压器高压侧A221、A222开关和Ⅰ BA线跳闸，低压脱扣导致工业负荷减少12万kW。

14日00：44，Ⅰ BA2开关、A220开关、A221开关、A222开关、A站220kV西母转冷备用。通过故障录波发现，母线故障由AC两相短路迅速发展成ABC三相短路，最大故障电流31.89kA。

14日03：22，现场检查发现A220西刀闸与母线连接处气室生成物严重超标，不具备恢复运行条件。

14日04：55，220kV Ⅰ BA线通过A站220kV东母恢复运行。

14日05：36，220kV A站1号主变压器（A221开关）通过A站220kV东母恢复运行。

14日06：51，220kV A站2号主变压器（A222开关）通过A站220kV东母恢复运行。

14日07：25，因低压脱扣损失的负荷全部恢复。

18日07：50，A站220kV西母转检修。

20日00：52，A站220kV西母完成消缺后恢复运行。

故障时序图如图1-3所示。

2. 故障主要影响

故障时刻，因低压脱扣损失工业负荷12万kW，未造成其他负荷损失。

故障导致A站失去一回220kV线路和两台主变压器，网架结构受到一定削弱，因刚过春节，负荷较低，相关线路和主变压器潮流较轻，未影响电力供应。

| 13日2:51 | 14日00:44 | 14日03:22 | 14日04:55 | 14日05:36 | 14日06:51 | 14日07:25 | 18日07:50 | 20日00:52 |
|---|---|---|---|---|---|---|---|---|
| A站母差保护动作，ⅠBA2、A221、A222、A220开关跳闸，A站220kV母线失压，同时用户侧低压释放装置动作，负荷减少12万kW | ⅠBA2、A221、A222开关、A站220kV西母转冷备用 | 现场汇报A站220kV西母不具备恢复运行条件 | 220kVⅠBA线恢复运行于东母 | A站1号主变压器恢复运行 | A站2号主变压器恢复运行 | 因低压脱扣损失的负荷全部恢复 | A站220kV西母转检修 | A站220kV西母恢复运行 |

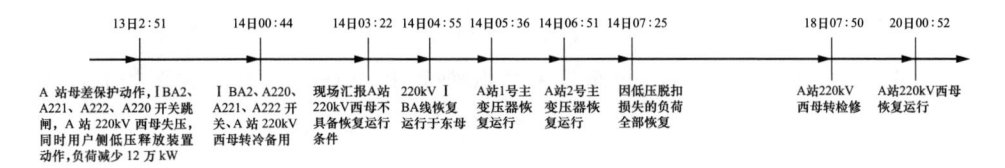

图1-3 故障时序图

### 四、故障原因及分析

220kV A 站 2008 年投入运行，站内 220kV 母线为 GIS 设备，三相共用气室。现场检查发现，A220 西刀闸母线侧气室北面绝缘子表面存在大面积电弧灼烧痕迹、母线表面有黄褐色痕迹、北面绝缘子罐体处有电弧灼烧痕迹，母线接头处有污损、灼伤痕迹，判断为 GIS 设备质量原因引起此次故障，造成 A220 西刀闸母线侧气室 A 相或 C 相母线导体对外壳放电，并波及另外一相，引起 AC 两相短路，最终演变为三相短路，导致 A 站 220kV 西母故障跳闸。

### 五、启示

1. 暴露问题

（1）设备状态评价及隐患排查治理不扎实。设备运维单位每年对 A 站 GIS 设备开展的动态评价结果中，未能及时准确反映出该间隔设备存在质量问题。

（2）用户涉网设备安全管理不全面。用户低压脱扣装置安全参数设置不合理，造成装置动作，瞬时失去相关工业负荷，产生不良影响。

2. 防范措施

针对本次故障暴露的问题，重点采取以下措施：

（1）强化设备缺陷检查消缺。重点做好 GIS 站内间隔设备例行试验、保护定检，现场加强设备巡视和设备维护，及时消除缺陷设备，提高设备健康水平。

（2）加强用户涉网设备安全检查。定期对用户涉网设备开展摸底排查工作，提前发现涉网隐患，低压释放装置不满足要求的及时进行整改。

## 第二节 变压器故障

### 案例2 "10·5"某电网A站500kV 2号主变压器故障跳闸

#### 一、概要

某年 10 月 5 日 11：42，某点网 A 站 500kV 2 号主变压器故障跳闸，A 站稳控装置动作，切除 A 站 220kV YA 线、HA 线、TA 线、JA 线、LA 线，合计损失发电负荷约 106 万 kW，区域电网协调控制系统动作，调增某直流送区域电网 26 万 kW，区域电网暂态频率最低跌至 49.893Hz，直流频率控制器动作，调制直流功率 58.1 万 kW，8s 后频率恢复至正常范围。

## 二、故障前运行方式

某电网 500kV 及以上输变电设备全接线、全保护、全安控运行，A 站主变压器上网功率合计 145.9 万 kW，其中 1 号主变压器上网功率为 82.4 万 kW（容量 100 万 kV A）、2 号主变压器上网功率为 63.5 万 kW（容量 75 万 kV A）。故障前 A 站近区系统接线图如图 1-4 所示。A 站内接线图如图 1-5 所示。

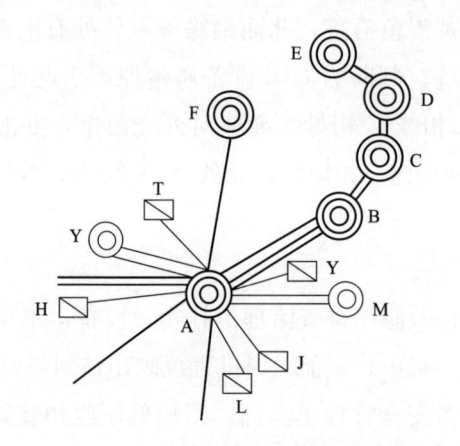

图 1-4 故障前 A 站近区系统接线图

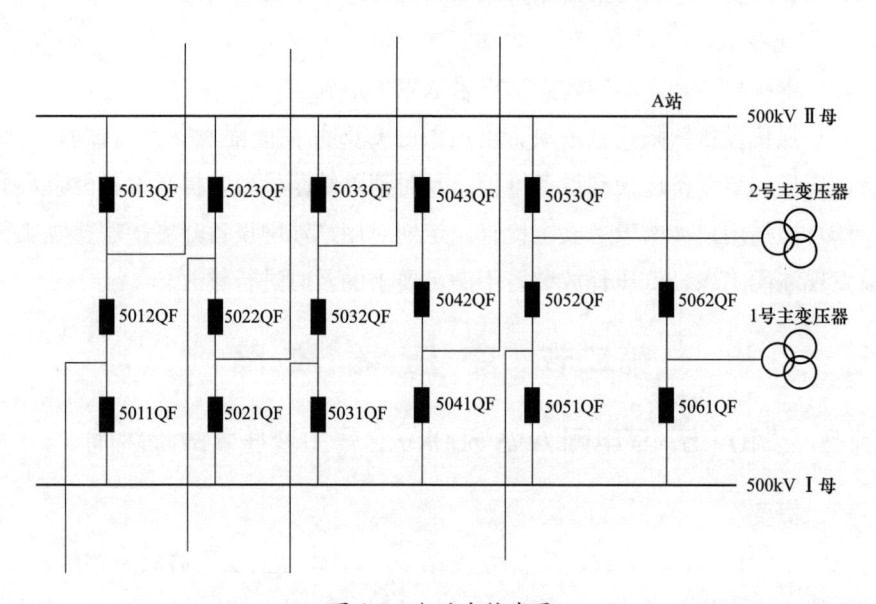

图 1-5 A 站内接线图

### 三、故障过程

1. 具体经过

5 日 11：42，A 站 500kV 2 号主变压器故障跳闸，主变压器差动保护、重瓦斯保护动作，A 站安控装置根据安控策略动作切除 A 站 220kV YA 线、HA 线、TA 线、JA 线、LA 线，共计 5 条电源并网线路，合计损失电源出力约 106 万 kW。

采取联切电源并网线路措施后，A 站安控装置实时统计全网功率损失量，并将功率损失量上送至 Q 站、R 站交直流协控总站，交直流协控总站查本地策略，达到启动调制直流门槛值 100 万 kW，按照策略调制某直流受入功率，增加送区域电网方向功率 26 万 kW。安控动作逻辑示意图如图 1-6 所示。

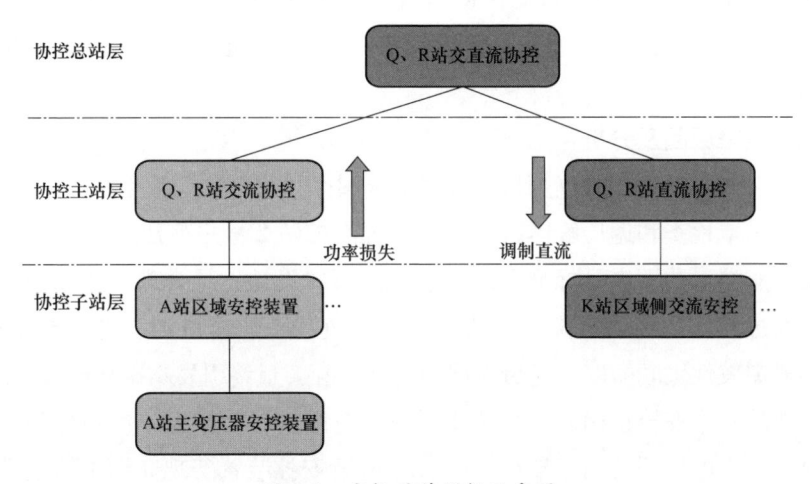

图 1-6 安控动作逻辑示意图

同时，故障后造成全网频率波动，暂态频率最低跌至 49.893Hz，达到直流换流站频率控制器动作条件，K、Q、U、V、W、X 站直流频率控制器动作，分别调制 5.4 万 kW、11.4 万 kW、13.7 万 kW、13.2 万 kW、14.1 万 kW、0.3 万 kW，累计调制直流功率 58.1 万 kW。

5 日 17：50，A 站安控装置动作切除的 220kV YA 线、HA 线、TA 线、JA 线、LA 线相继恢复送电。

5 日 23：10，A 站 2 号主变压器转冷备用。

2023 年 3 月 20 日 21：48，A 站 2 号主变压器恢复运行。

故障时序图如图 1-7 所示。

```
2022年10月5日        2022年10月5日        2022年10月5日        2023年3月20日
   11:42                17:50                23:10                21:48
```

```
┌─────────────┐    ┌─────────────┐    ┌─────────────┐    ┌─────────────┐
│A站2号主变压器跳闸，│    │220kV电厂并网 │    │A站2号主变压器│    │A站2号主变压器│
│联切A站220kV电厂并网线路│ │线路相继恢复送电│  │转冷备用     │    │恢复运行     │
└─────────────┘    └─────────────┘    └─────────────┘    └─────────────┘
```

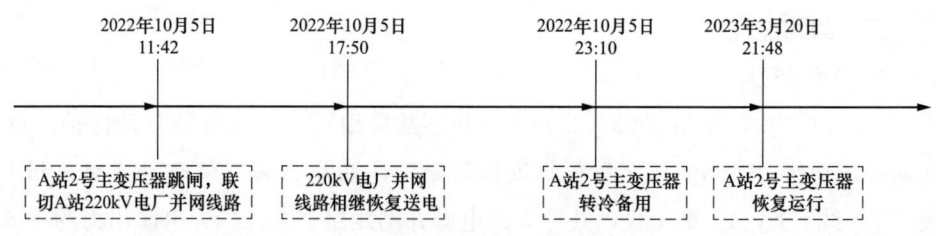

图 1-7　故障时序图

2. 故障主要影响

A 站 500kV 2 号主变压器故障跳闸，A 站安控装置正确动作，根据安控策略表切除 A 站 220kV YA 线、HA 线、TA 线、JA 线、LA 线，损失电源出力约 106 万 kW，区域电网协调控制系统动作，调增某直流送区域电网 26 万 kW，直流频率控制器累计调制 58.1 万 kW，直流近区功率小幅波动，全网暂态频率由 50.005Hz 下降至 49.893Hz，8s 后频率恢复至正常范围。故障未对电网安全运行和供电造成影响。

### 四、故障原因及分析

A 站 2 号主变压器跳闸原因为主变压器中压侧 C 相套管发生贯穿性破裂。经内检、吊罩检查和返厂解体试验综合分析，A 站 2 号主变压器 B 相调压线圈引线接头压接工艺不满足标准要求、引出线布置设计不尽合理，故障位置引线长期局部过热导致绝缘下降，且故障前一周负载率快速增加，绝缘老化加速，最终形成突发性级间短路，随后发展为对地击穿，最终引发本次故障。

本次故障中安控正确动作，防止了故障范围进一步扩大。A 站作为多个新能源电厂、水电厂的并网汇集点，在 A 站配置安控装置实现联切本地电厂并网线路，解决了 A 站任一主变压器 N-1 后潮流转移造成剩余主变压器过载，最大化消纳清洁能源。本次 2 号主变压器故障跳闸前，A 站双主变压器重载运行，2 号主变压器故障后安控装置正确动作切除部分并网线路，有效避免了 1 号主变压器过载，保障了电网安全。

### 五、启示

1. 暴露问题

主变压器引线压接头存在工艺不满足标准要求。故障主变压器引线压接头工艺不足，抗拉强度未达到 IEC 和国家标准要求，变压器整体设计紧凑，造成引出线处布置不尽合理，接头附近长期局部过热，导致绝缘下降。

2. 防范措施

针对本次故障暴露的问题，重点采取以下措施：

（1）开展主变隐患排查。排查与 A 站 2 号主变压器相近时间生产、相同设计的主变，开展带电局部放电试验排查、X 光监测和离线油色谱检查，调整在线油色谱装置采样周期为 4h 一次，加强运维，确保在线监测装置的准确性和稳定性。

（2）落实运维保障。开展设备巡检、状态评价、风险评估等工作，确保设备健康可靠运行。

## 案例 3 "11·22"某电网 A 站 1000kV 3 号主变压器故障跳闸

### 一、概要

某年 11 月 22 日 16：36，某电网 A 站 1000kV 3 号主变压器因高压套管起火跳闸。因现场火势较大，1000kV CA Ⅱ线、A 站 1000kV 4 号主变压器紧急停运避险，某电网网架结构破坏严重，受电能力严重下降，某电网晚峰平衡裕度较大，未影响电力供应。

### 二、故障前运行方式

A 站 1000kV、500kV 侧均为 3/2 接线方式，A 站 1000kV 2 号主变压器计划停电检修，A 站 1000kV 3、4 号主变压器于 2019 年 11 月 14 日投产运行。

故障前，A 站 1000kV 1、3、4 号主变压器下送潮流分别为 133 万 kW、59 万 kW、59 万 kW，1000kV BA Ⅰ、Ⅱ线 B 站送 A 站潮流分别为 49 万 kW、50 万 kW，1000kV CA Ⅰ、Ⅱ线 C 站送 A 站潮流分别为 54 万 kW、53 万 kW，1000kV AD Ⅰ、Ⅱ线 D 站送 A 站潮流分别为 20 万 kW、20 万 kW。A 站近区接线图、1000kV 站内接线方式、500kV 站内接线方式分别如图 1-8～图 1-10 所示。

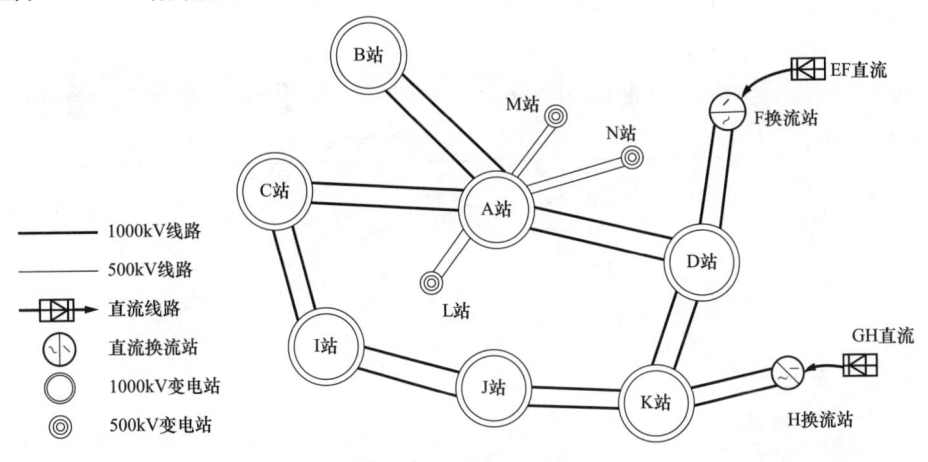

图 1-8　A 站近区接线图

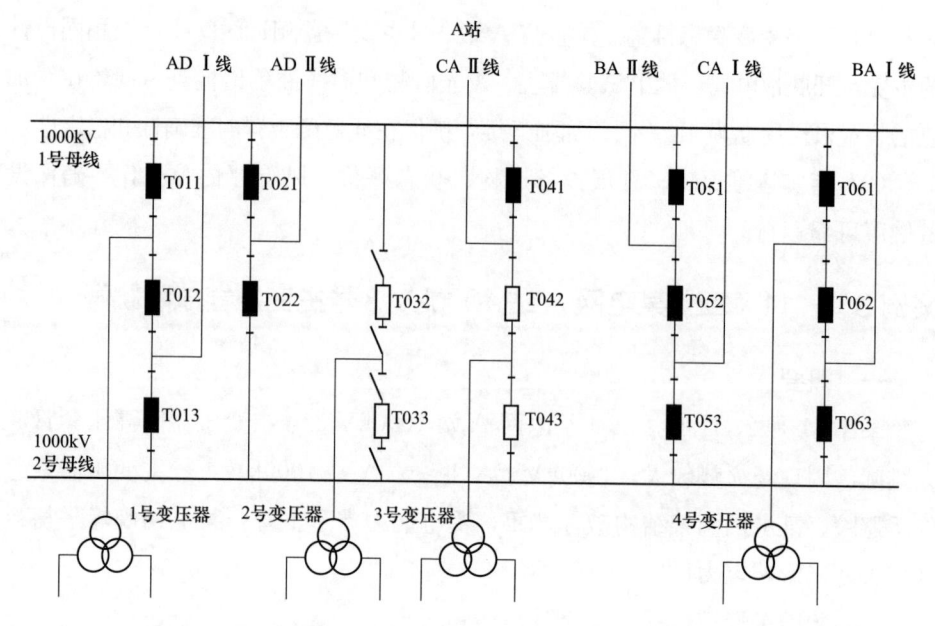

图 1-9　A 站 1000kV 站内接线图

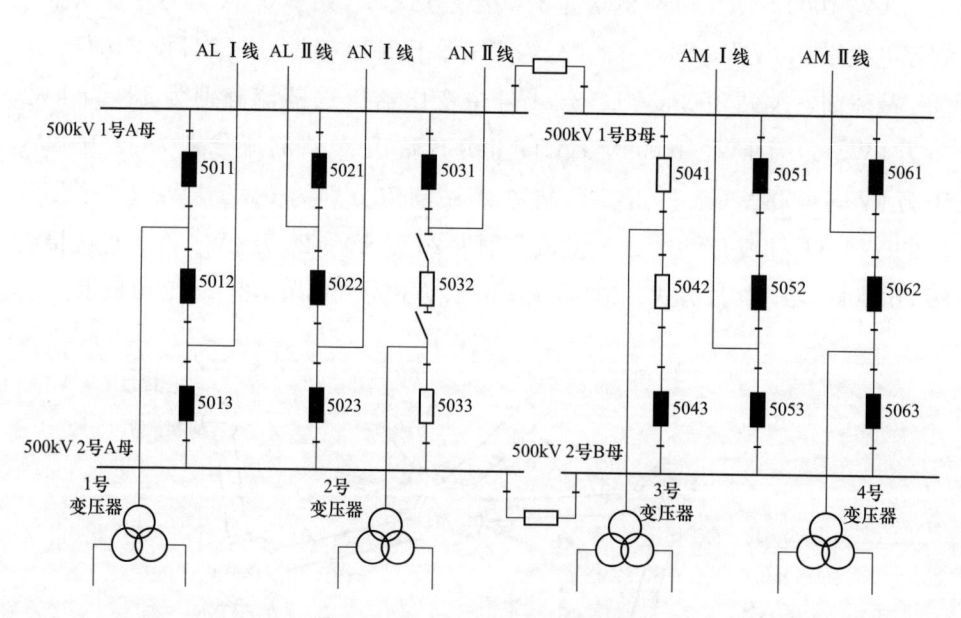

图 1-10　A 站 500kV 站内接线图

### 三、故障过程

1. 具体经过

22 日 16∶13，A 站 1000kV 3 号主变压器 B 相本体轻瓦斯保护信号告警。

22日16:36，A站1000kV 3号主变压器B相本体着火爆燃，双套主变压器差动动作、重瓦斯保护动作，主变压器跳闸。

22日17:02，A站3号主变压器500kV侧刀闸拉开，配合灭火。

22日17:26，因现场火势较大，为预控风险，1000kV CAⅡ线紧急停运。

22日17:48，因现场火势较大，为预控风险，A站1000kV 4号主变压器紧急停运。

故障时序图如图1-11所示。

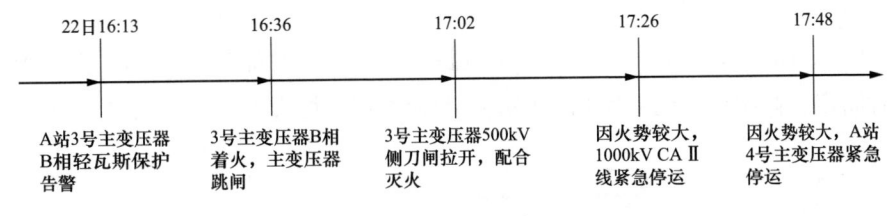

图1-11 故障时序图

2. 故障主要影响

故障造成A站1000kV 3号主变压器跳闸，因现场火势较大，影响相邻设备安全运行，1000kV CAⅡ线、A站1000kV 4号主变压器被迫停运。

故障导致某电网网架结构削弱，交直流受电能力减小，调度紧急控制某电网交流受电断面由396.4万kW下降至196.4万kW，EF直流由350万kW下降至200万kW，GH直流由400万kW下降至200万kW。调减某电网受电功率后，某电网晚峰平衡裕度约1000万kW，裕度充足，未影响电力供应。

四、故障原因及分析

经查，A站1000kV 3号主变压器跳闸原因为变压器高压套管电容芯体存在质量缺陷，电容芯体局部放电，导致下瓷套损坏炸裂，瓷套下端部黄铜座（高电位）沿下瓷套外表面对升高座（地电位）放电，变压器油气化，油箱内压力剧增，油箱爆裂，大量可燃油气喷出，最终引发主变压器爆燃跳闸。

五、启示

1. 暴露问题

（1）设备质量把控能力不足。本次故障为设备自身质量缺陷所致，且故障设备正式投运仅8天，暴露了设备制造商设备质量把控不足的问题。

（2）特高压主变压器瓦斯保护出口逻辑待完善。本次故障前，特高压主变压器采用轻瓦斯保护"投信号"、重瓦斯保护"投跳闸"方式。A站

1000kV 3 号主变压器爆燃跳闸前，B 相本体轻瓦斯保护已发告警信号，轻瓦斯保护"投信号"方式无法在特高压主变压器故障初期快速隔离故障，导致停电范围扩大。

2. 防范措施

针对本次故障暴露的问题，重点采取以下措施：

（1）修改特高压主变压器（高压电抗器）轻瓦斯保护动作逻辑。已完成特高压主变压器轻瓦斯"投跳闸"方案整改，确保在特高压主变压器故障初期隔离故障。

（2）及时更新相关规程规定。结合特高压输变电设备在运行中暴露的问题，及时制定、修编保护运维等相关技术标准和流程，切实提升设备可靠性。

# 第三节 刀 闸 故 障

## 案例 4 "5·18"某电网 500kV AB 三线、AC 二线因刀闸故障同时跳闸

### 一、概要

某年 5 月 18 日 23：08，某电网 500kV AB 三线（A 变电站—B 变电站）C 相故障跳闸，重合不成功，带停 500kV AC 二线（A 变电站—C 变电站，AC 二线与 AB 三线在 A 变电站出串运行）。故障造成 M 直流双极各发生两次换相失败，N 送出通道限额由 460 万 kW 降至 400 万 kW，故障时 N 送出通道实际潮流为 240 万 kW，未影响水电消纳及电网电力平衡。

### 二、故障前运行方式

500kV A 变电站为 3/2 接线方式，正常运行方式下为控制短路电流，500kV AB 三线与 500kV AC 二线在 A 变电站通过 5042 开关出串运行，A 变电站 500kV 第四串 5041 开关、5043 开关热备用，500kV AB 四线与 500kV AC 一线在 A 变电站通过 5052 开关出串运行，A 变电站 500kV 第五串 5051 开关、5053 开关热备用，具体出串方式如图 1-12 所示。

故障发生前 500kV AB 三线线路潮流 38 万 kW，N 送出通道潮流 240 万 kW，近区天气晴。A 站近区 500kV 系统接线图如图 1-13 所示。

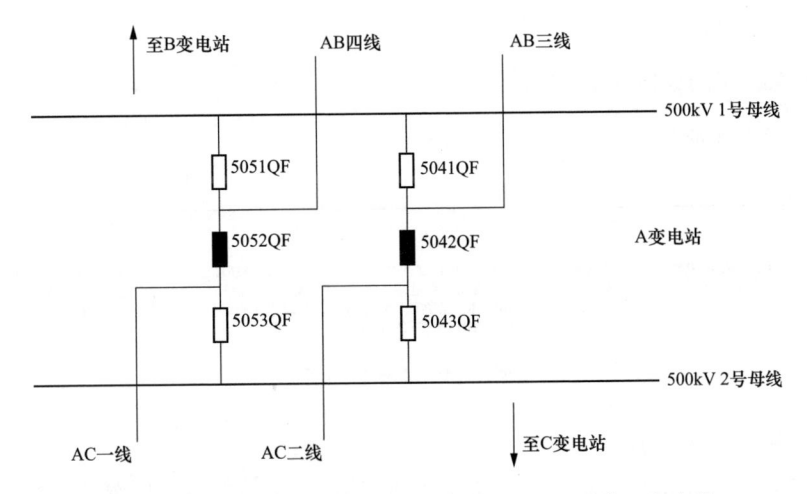

图 1-12 故障前 A 站 AB 三、四线与 AC 一、二线运行方式

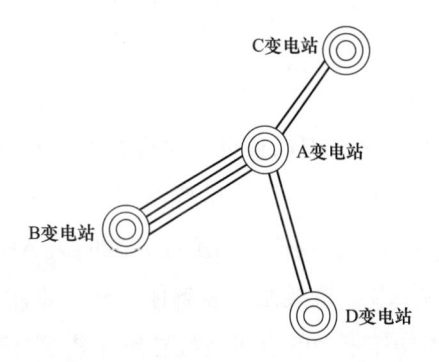

图 1-13 A 站近区 500kV 系统接线图

### 三、故障过程

1. 具体经过

18 日 23：08，500kV AB 三线故障跳闸，双纵联保护动作，选相 C，重合不成功，因 500kV AC 二线与 500kV AB 三线在 A 变电站出串运行，故障带停 500kV AC 二线。故障测距距 B 站 0km。故障后相关断面均在限额内。

19 日 00：30，现场检查无异常后，因故障带停的 500kV AC 二线在 A 变电站侧恢复入串运行。

19 日 08：26，500kV AB 三线转检修进行检查消缺，现场发现 B 变电站 500kV AB 三线 50331 刀闸 C 相气体分解物试验结果异常，判断为 50331 刀闸 C 相 GIS 设备气室内放电。

24 日 06：52，B 变电站 AB 三线 50331 刀闸 C 相完成消缺，500kV AB 三

线由检修转运行。

故障时序图如图 1-14 所示。

```
18日23：08        19日00：30      19日08：26                    24日06：52
    |                |               |                           |
────┼────────────────┼───────────────┼───────────────────────────┼────
500kV AB三线C相故障跳闸，  在A变电站侧恢复   AB三线转检修配合跳闸后故障检查，经现场    A变电站AB三线50331刀闸
两侧站端双套纵联保护动作， 入串运行        检查发现B变电站500kV AB三线50331刀     C相消缺完毕，500kV AB三
重合不成功                              闸C相气体分解物试验结果异常，判断为50331刀  线由检修转运行
                                       闸C相GIS设备气室内放电
```

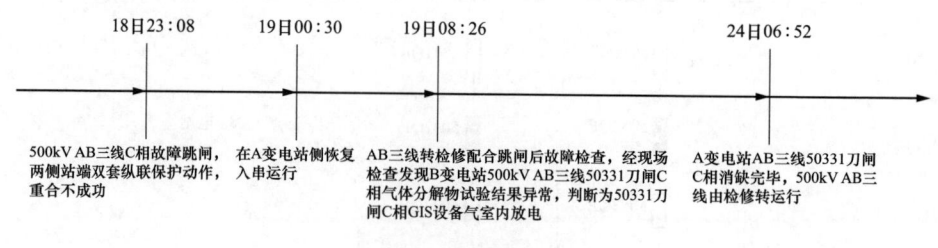

图 1-14　故障时序图

2. 故障主要影响

故障造成 M 直流双极各发生两次换相失败，N 送出通道限额由 460 万 kW 降至 400 万 kW，故障时 N 送出通道实际潮流为 240 万 kW，未影响 N 通道送出功率及电网电力平衡。

### 四、故障原因及分析

经检修人员对 B 变电站站内设备进行全面检查，对 500kV AB 三线 50331 刀闸 C 相气体分解物进行试验，气室试验结果显示 $SF_6$ 气体组分含量超标，$SO_2$ 检测值为 2118.9μL/L，标准值为 1μL/L，判断为 AB 三线 50331 刀闸 C 相气室故障，导致 500kV AB 三线跳闸。经解体分析，本次故障的直接原因为刀闸在不良工况下分合闸操作累积的金属微粒导致屏蔽罩对罐体放电。

### 五、启示

1. 暴露问题

（1）设备布局不合理。故障点盆式绝缘子水平布置，导致操作过程中堆积金属摩擦碎屑，最终引起沿面放电。

（2）设备未开展出厂 200 次磨合。动、静触头摩擦产生的金属微粒无法释放并清理，在经历现场 78 次分合闸操作后，金属微粒逐步在罐体内积累，最终造成气隙击穿。

2. 防范措施

针对本次故障暴露的问题，重点采取以下措施：

（1）针对新投设备，严格落实国家电网公司关于进一步做好 GIS 设备可靠性提升工作的通知要求。GIS 盆式绝缘子应尽量避免水平布置。

（2）针对新投设备，严格落实十八项反措要求。严格执行出厂 200 次操作

磨合，若点检发现 3mm 及以上异物，查明异物来源，必要时局部或整体重新装配。

## 案例 5　"7·15"某电网 B 站 1000kV 2 号母线因刀闸故障跳闸

### 一、概要

某年 7 月 15 日 19：08，某电网 1000kV AB Ⅱ线 B 站由热备用转冷备用操作过程中，T0132 刀闸拉开后放电，导致 B 站 1000kV 2 号母线故障跳闸，QY 直流高、低端限额由 400 万 kW 下降至 225 万 kW，未对电网电力平衡造成影响。

### 二、故障前运行方式

1000kV 特高压 B 站一次主接线图如图 1-15 所示。B 站 1000kV 1 号母线、2 号母线运行正常，B 站 1000kV 1、2 号主变压器运行正常，1000kV CN Ⅰ线及其串联补偿装置、高压电抗器运行正常，1000kV BD Ⅰ线及其串联补偿装置、高压电抗器运行正常；AB Ⅱ线热备用状态；AB Ⅰ线热备用状态。

B 站 1000kV T011、T021、T022、T023、T031、T032 开关运行正常，T012、T013、T052、T053 开关热备用状态。

B 站 500kV 系统运行正常，110kV 系统运行正常，站用电系统运行正常。

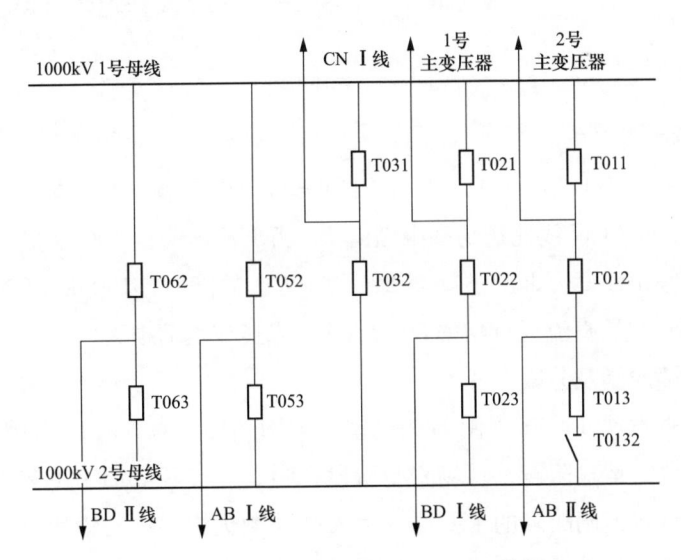

图 1-15　1000kV 特高压 B 站一次主接线图

### 三、故障过程

1. 具体经过

故障发生前，B站正根据调度指令进行1000kV AB Ⅱ线计划停电操作。

15日19：08：58，B站执行AB Ⅱ线由热备用转冷备用操作。

15日19：08：58.394，B站拉开T0132刀闸。

500ms后，B站1000kV 2号母线两套母差保护动作。

15日19：08：58.928，B站T032、T023、T053、T063开关跳开，故障电流为18.93kA。调度立即通知停止操作，检查故障原因。

15日21：00，检查发现B站T0132刀闸B相SF$_6$气室分解物中二氧化硫、硫化氢、水含量均超标，判断为气室内部故障。

16日05：09，调度将B站T0132刀闸与B站1000kV Ⅱ母解引隔离，B站1000kV Ⅱ母转运行。

故障时序图如图1-16所示。

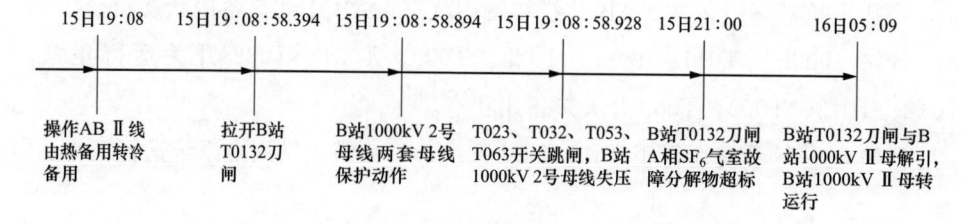

图 1-16 故障时序图

2. 故障主要影响

本次故障造成B站1000kV 2号母线停运，QY直流双极低端各发生1次换相失败，1000kV CN线北送功率限额由430万kW下降至200万kW，QY直流高、低端限额由400万kW下降至225万kW。故障时，1000kV CN线最高北送71万kW，QY直流运行功率80万kW，未造成负荷损失。

### 四、故障原因及分析

现场检查发现T0132刀闸B相气室分解物超标，对T0132刀闸设计结构、厂内装配阶段、运输阶段、现场安装阶段、触头交接区域加工工艺等各项环节排查分析，认定刀闸故障的主要原因为刀闸动触头铝导体与铜钨触头交接区域加工尺寸不满足设计图纸要求，交接区域出现棱台，导致断口位置电场发生畸变，如图1-17所示。

图 1-17　铜钨触头交接区域详细视图

五、启示

1. 暴露问题

（1）特高压 GIS 设备产品的可靠性不足。因 GIS 质量问题导致正常操作过程中非计划停电设备跳闸，造成 $N-2$ 运行方式，影响电网安全运行，产品可靠性亟待加强。

（2）运维单位隐患排查不全面。对于不合格设备，验收过程未能严格把关、及时发现，导致设备带病持续运行。

2. 防范措施

针对本次故障暴露的问题，重点采取以下措施：

（1）生产厂家应在设备出厂、加工制造等各项关键环节严格把关，提高生产工艺和检验标准，确保特高压设备安全稳定运行和操作。

（2）运维单位应全面排查同类型、同批次产品设备。

# 第四节　开　关　故　障

## 案例 6　"6·23" 某电网 1000kV B 站多设备因开关故障跳闸

一、概要

某年 6 月 23 日 07：38，某电网 1000kV B 站在操作 1000kV AB Ⅱ线停电（拉开 B 站 T032 开关）时，1000kV AB Ⅱ线、B 站 1000kV 2 号主变压器同时跳闸，AB Ⅱ线重合成功，2 号主变压器所带 34 万 kW 负荷全部由 B 站 1000kV

3号主变压器转带，未造成负荷损失。

## 二、故障前运行方式

1. 故障前变电站内运行方式

故障前，B站1000kV 2、3号主变压器正常运行，1000kV AB Ⅰ、Ⅱ线，BC Ⅰ、Ⅱ线正常运行。2号主变压器负荷34万kW，3号主变压器负荷34万kW。B站1000 kV系统接线图如图1-18所示。

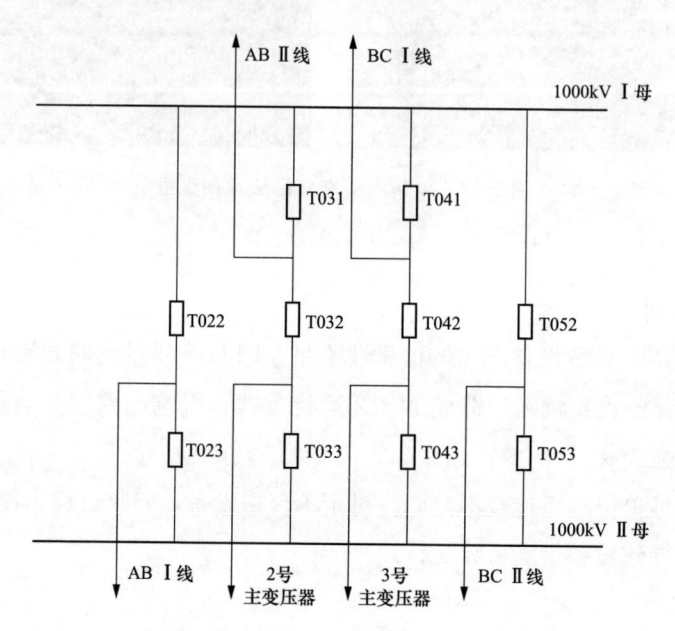

图1-18 B站1000kV系统接线图

2. 故障前某电网运行方式

如图1-19所示，故障前，某电网负荷1800万kW，1000kV AB Ⅰ、Ⅱ线送B站潮流20万kW，1000kV BC Ⅰ、Ⅱ线送B站潮流48万kW。

## 三、故障过程

1. 具体经过

23日06：53，B站开始操作1000kV AB Ⅱ线由运行转热备用。

23日07：37，B站完成1000kV AB Ⅱ线T032开关由运行转热备用操作。

23日07：38，1000kV AB Ⅱ线B相故障跳闸，T031开关重合成功。B站2号主变压器双套差动保护动作，B相故障跳闸。检查故障原因为B站T032开关B相气室内部故障。

23日14：19，配合B站T032开关隔离，1000kV AB Ⅱ线转热备用。

23日15：18，B站T032开关隔离完毕，1000kV AB Ⅱ线转运行。

23日21：47，B站1000kV 2号主变压器转检修。

7月2日04：43，B站T032开关B相气室更换及TA气室拆装工作结束，B站T032开关和1000kV 2号主变压器转运行。

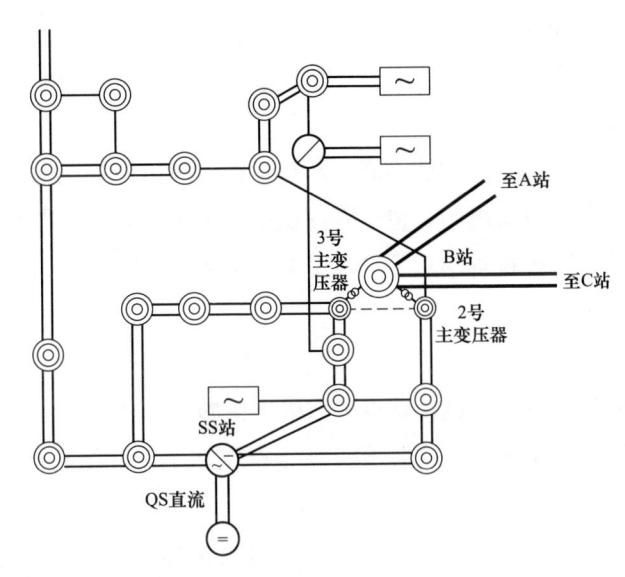

图 1-19  故障前某网运行方式

故障时序图如图 1-20 所示。

23日07：37　拉开B站T032开关

23日07：38　B站T032开关B相接地故障，AB Ⅱ线重合成功，B站1000kV 2号主变压器跳闸。B站T032开关B相气室内部故障

23日14：19　配合B站T032开关隔离，AB Ⅱ线由运行转热备用

23日15：18　B站T032开关隔离完毕，AB Ⅱ线由热备用转运行

23日21：47　B站1000kV 2号主变压器转检修

7月2日04：43　消缺结束，B站T032开关和1000kV 2号主变压器转运行

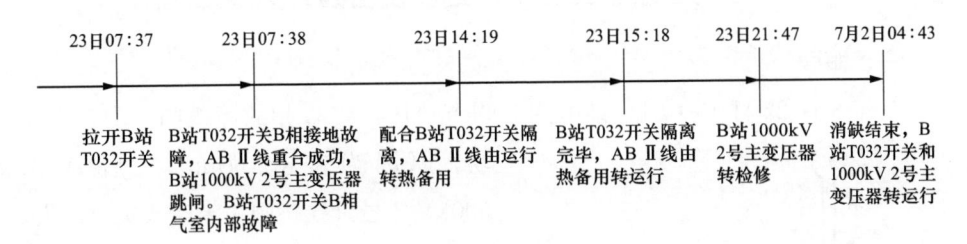

图 1-20  故障时序图

## 2. 故障主要影响

B站1000kV 2号主变压器跳闸后，负荷由B站1000kV 3号主变压器转带，未造成负荷损失。故障时，QS直流运行功率为330万kW，限额为500万kW；故障后，QS直流送电限额下降100万kW，23日最大调减QS直流功率100万kW，因某网当日负荷较低、备用充足，QS直流功率调减并未对某网供电产生影响。

17

### 四、故障原因及分析

故障时，B 站 2 号主变压器保护及 AB Ⅱ线线路保护 B 相均存在差流，因此判断主变压器高压侧区内及 AB Ⅱ线区内发生 B 相故障。根据保护动作情况判断故障点在 T032 TA1 气室、TA2 气室之间，结合气室气体成分检测判断为 T032 B 相开关气室内部故障。

### 五、启示

1. 暴露问题

（1）特高压设备运行可靠性不高。新投运的特高压设备在常规倒闸操作中，因质量问题导致重要设备跳闸，造成省网供电能力下降，影响电网安全运行。

（2）运维单位隐患排查治理不全面。新投特高压直流站应加强设备状态管理，及时排查隐患。

2. 防范措施

针对本次故障暴露的问题，重点采取以下措施：

（1）特高压设备生产厂家应提升设备生产制造工艺，提高设备运行的稳定性和可靠性，杜绝设备正常操作引发跳闸故障。

（2）落实运维保障，全面排查隐患。开展设备巡检、状态评价、风险评估等工作，确保设备健康可靠运行。

## 案例 7　"8·22"某电网 500kV A 站多设备因开关故障跳闸

### 一、概要

某年 8 月 22 日 13：01，某电网 500kV AB 二线 C 相故障跳闸，重合不成功，原因为雷击。7min22s 后 A 站 500kV 2 号母线跳闸，未造成负荷损失。

### 二、故障前运行方式

A 站为 3/2 接线方式，通过两回 500kV 线路（AB 一线、AB 二线）与 B 站相连。故障发生前，A 站内 500kV 侧全接线运行，A 站近区接线示意图如图 1-21 所示，A 站内 500kV 接线示意图如图 1-22 所示，故障时现场雷雨天气。

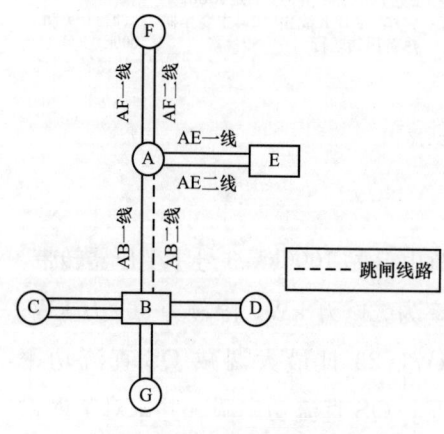

图 1-21　A 站近区接线示意图

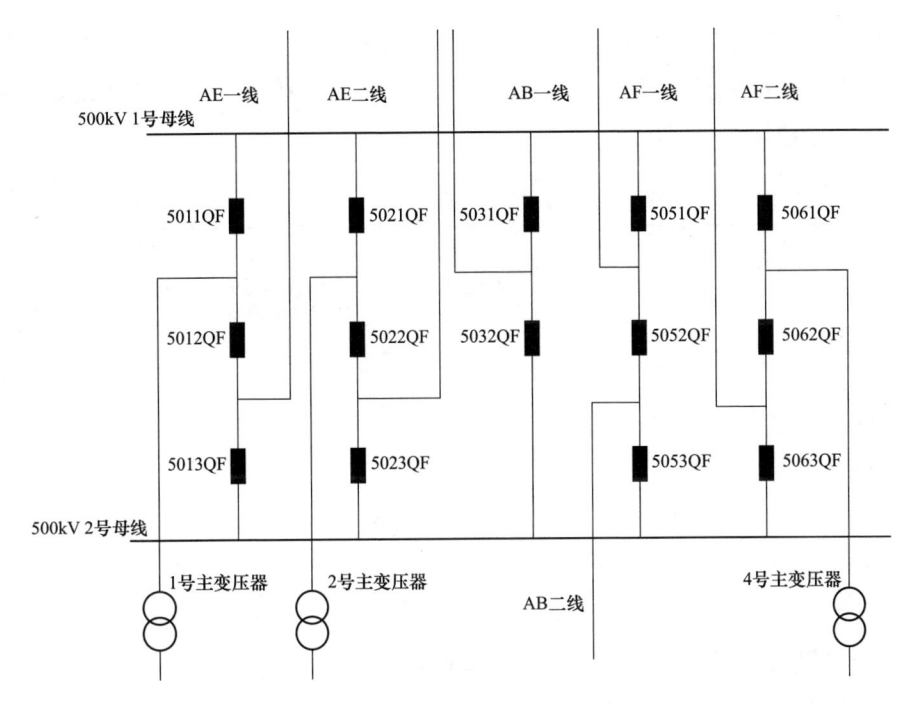

图 1-22　A 站内 500kV 接线示意图

### 三、故障过程

1. 具体经过

22 日 13：01，AB 二线 C 相故障跳闸，重合不成功，两套线路保护正确动作，故障测距 B 站 0km，距 A 站 55km。

22 日 13：09，A 站 500kV 2 号母线跳闸，两套母差保护正确动作。故障后，B 送 A 剩余单线（AB 一线）潮流增大，调度紧急调减 BG 直流送电功率 258 万 kW 后，断面潮流无问题。

22 日 13：54，A 站汇报 5053 开关 C 相压力异常升高，申请开关转检修，进一步检查发现开关 C 相气室 $SF_6$ 分解物测试数据异常，短时间无法恢复运行。

22 日 16：04，为隔离故障开关，A 站申请将 AB 二线、500kV 2 号母线转检修。

23 日 04：53，A 站 5053 开关两侧引线均已拆除，500kV 2 号母线及 AB 二线恢复运行（5053 开关维持检修）。

故障时序图如图 1-23 所示。

2. 故障主要影响

故障导致 AB 二线、A 站 500kV 2 号母线跳闸，调度紧急调减 BG 直流送电功率，由638万kW控制到380万kW，当日某电网午峰最高负荷9907万kW，备用裕度充足，电网平衡无问题。A站近区有功功率、无功功率及电压均出现短时波动，未影响电网安全运行。

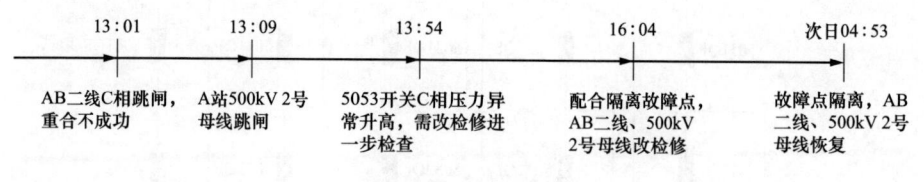

```
13:01          13:09          13:54          16:04          次日04:53
AB二线C相跳闸， A站500kV 2号  5053开关C相压力异 配合隔离故障点， 故障点隔离，AB
重合不成功      母线跳闸        常升高，需改检修进 AB二线、500kV   二线、500kV 2号
                               一步检查           2号母线改检修    母线恢复
```

图1-23  故障时序图

### 四、故意原因及分析

1. 线路故障

巡线发现AB二线5号塔C相悬垂串玻璃绝缘子及下均压环表面均有明显放电痕迹，判断故障原因为雷击。

2. 站内故障

5053开关合闸电阻在靠近2号母线侧，现场打开5053开关C相气室靠2号母线侧盖板检查，检查结果如图1-24所示，合闸电阻屏蔽罩底部存在放电痕迹；屏蔽罩下方壳体存在对应放电痕迹，合闸电阻存在开裂情况；壳体底部存在异常碎片。

综合判断A站500kV 2号母线跳闸原因为AB二线因雷击跳闸后，A站5053开关C相重合于接地故障，合闸电阻局部击穿或过热，碎片掉落引发放电导致母差保护动作跳闸。

### 五、启示

1. 暴露问题

设备运行可靠性不高。合闸电阻由于其结构特点，易存在设计和安装质量的缺陷，属于电网薄弱环节，其故障可能导致多设备停运，严重威胁电网安全。

2. 防范措施

针对本次故障暴露的问题，重点采取以下措施：

加强设备状态监测。针对存在风险的设备，运维单位应加强巡视，积极应用各类在线监测技术（X光检查和特高频、超声波局放检测等），及时发现设备异常，实时跟踪隐患发展情况，严控设备缺陷引发电网系统性风险的情况发生。

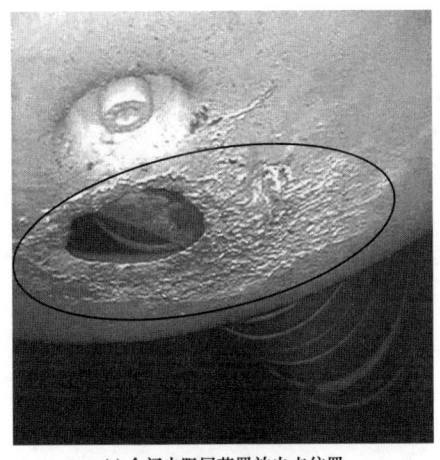

(a) 合闸电阻屏蔽罩放电点位置　　(b) 壳体放电点位置

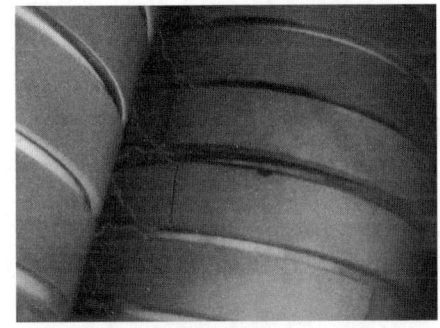

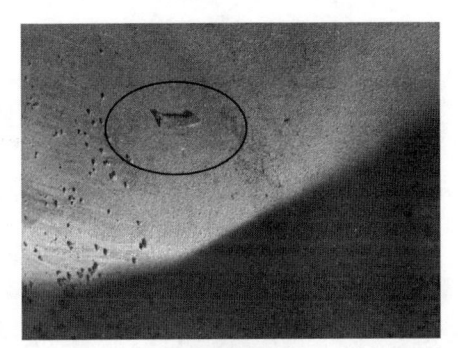

(c) 合闸电阻碎裂　　(d) 壳体底部碎片

图 1-24　开盖检查情况

# 第五节　TA　故　障

## 案例 8　"6·1"某电网 500kV Z 站多设备因 TA 故障跳闸

### 一、概要

某年 6 月 1 日 11：35，某电网 500kV Z 站 5043 开关 TA 故障，造成 500kV ZB 二线、Z 站 500kV Ⅱ母跳闸，带跳 3 号主变压器高压侧。故障导致该网内多个重要断面限额下降最高达 120 万 kW，Z 站仅 2 台主变压器联系 500kV 与 220kV 系统，电网供电能力严重下降。

### 二、故障前运行方式

故障前，Z 站主变压器总下网功率 17 万 kW，Z 站 500kV 系统全接线运行，近区 500kV 系统无检修。故障前某网近区运行图如图 1-25 所示，Z 站 500kV 主接线图如图 1-26 所示。

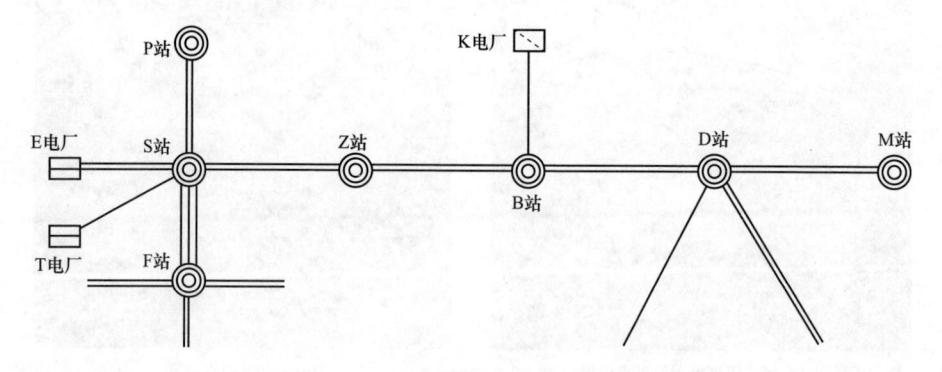

图 1-25 故障前某电网近区运行图

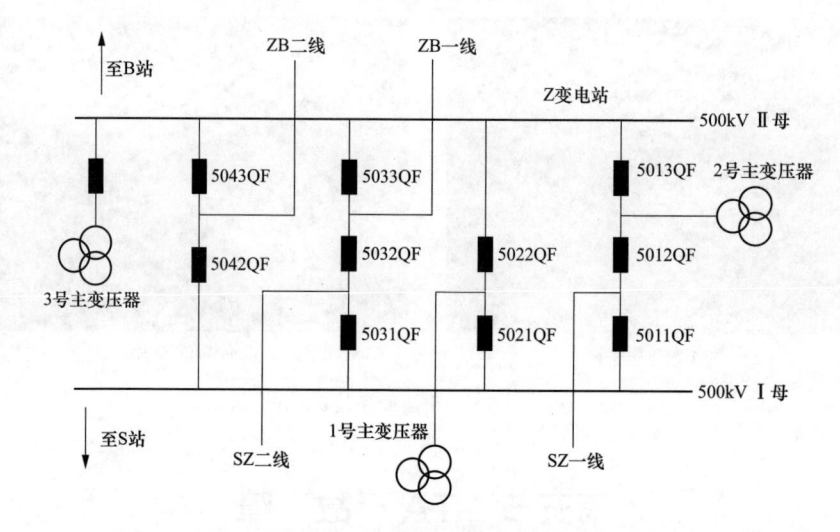

图 1-26 Z 站 500kV 主接线图

### 三、故障过程

1. 具体经过

1 日 11：35，Z 站 5043 开关 TA 故障，500kV ZB 二线跳闸，选 B 相，重合不成功。同时，Z 站 500kV Ⅱ 母跳闸，带跳 3 号主变压器高压侧（通过 5053 开关连接至 500kV Ⅱ 母）。

1 日 14：37，Z 站 500kV ZB 二线 5043 开关转为冷备用状态，隔离故障 TA。

1 日 17：07，Z 站 500kV Ⅱ 母恢复运行。

1日17：33，Z站500kV 3号主变压器恢复合环运行。

1日18：27，500kV ZB二线恢复运行。

7日07：49，Z站5043开关完成消缺，开关恢复运行。

故障时序图如图1-27所示。

```
1日11:35          5ms              14ms                              14:37
   │───────────────│─────────────────│────────────────────────────────│
   Z站5043开关      500kV ZB二线跳闸   Z站500kV Ⅱ母跳闸                 5043开关转冷备
   TA故障                             │                                用，故障隔离
                                      ↓
                                   Z站3号主变压器高压侧
                                   唯一5053开关跳开，失
                                   去供电能力

  17:07            17:33            18:27                           7日07:49
   │───────────────│─────────────────│────────────────────────────────│
   Z站500kV Ⅱ母    Z站3号主变压器    500kV ZB二线不带                Z站5043开关完
   恢复运行         恢复合环运行      5043开关送电正常                 成消缺转运行
```

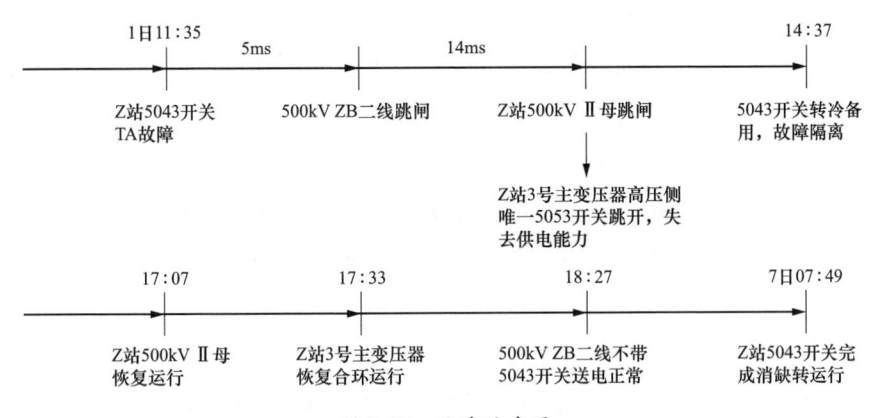

图1-27 故障时序图

**2. 故障主要影响**

故障导致多个重要断面限额分别下降至430万kW（下降120万kW）、300万kW（下降30万kW）、100万kW（下降20万kW）、140万kW（下降60万kW）；Z站3号主变压器高压侧跳开，失去向220kV电网供电能力，Z站主变压器供电限额下降至135万kW（下降105万kW）。

故障当时相关断面潮流水平均较低，未对该电网和所在区域电网的发输电方式和用电负荷造成影响。网内其余设备运行正常。

**四、故障原因及分析**

设备故障跳闸原因为Z站5043开关B相TA起火。该TA经解体分析，认为存在生产过程中头部绝缘干燥不彻底的情况，绝缘性能不满足要求，TA被击穿且发生起火。故障电流信号传递至采集该TA电流的保护装置，相关保护达到动作条件后动作出口，导致设备跳闸。

**五、启示**

1. 暴露问题

（1）设备质量把控不严。由于倒立式TA头部绝缘采用人工包扎，二次绕组数量多、额定二次负荷高，导致包扎困难，绝缘处理难度增大，造成头部体积大，容易出现褶皱、空腔等问题，易引发运行过程中绝缘击穿。

（2）状态检（监）测手段不完善。正立式结构可通过周期性油色谱检测、绝缘电阻、电容量和介损测试定期评估；而倒立式结构频繁取油样易产生低油位、负压进气等问题，部分设备头部电容量和介损无法测量。

2. 防范措施

针对本次故障暴露的问题，重点采取以下措施：

（1）严格把牢设备入网关。一是组织开展技术符合性评估、供应商评价工作，提前发现并整改设备生产制造环节存在的缺陷隐患；二是客观反馈互感器在运维环节的故障缺陷，督促互感器生产厂家进一步加强质量管控，提高油浸式互感器设备供货质量；三是做好招标采购管理，用好物资管控"黑名单"，结合互感器的应用，制定采购目录并组织实施，对采购过程进行现场监督。

（2）加强设备日常监测工作。一是督促运维单位及时加装油压监测等有效的在线监测装置，并将其纳入主设备管理，实时监视数据变化；二是重点对运行超过 10 年的 500kV 油浸式 TA 开展停电后的油色谱分析；三是定期对各电流互感器油位开展横向、纵向对比分析，结合巡视、测温、油压在线监测数据对互感器运行状况开展全面分析，提升及时发现缺陷的能力。

## 案例 9 "3·15"某电网 A 站 220kV 多设备因 TA 故障跳闸

### 一、概要

某年 3 月 15 日 11：55，某电网 500kV A 站 220kV AB 二线 626 线路 C 相 TA 故障，导致 220kV 2B 母线、220kV AB 二线故障跳闸，同时带跳 220kV AC 线、AD 二线及 4 号主变压器 220kV 侧，故障造成 220kV B 站、D 站、E 站仅由 500kV A 站 3 号主变压器供电，220kV C 站由 220kV CF 线单线供电，电网结构大幅削弱，存在较大运行风险。故障未造成负荷损失，故障期间电网运行平稳。

### 二、故障前运行方式

500kV A 站 3 台主变压器运行，220kV 母线为双母双分段接线方式，220kV 1A 母线与 1B 母线间分段 600 开关、2A 母线与 2B 母线间分段 648 开关均为热备用状态（为控制短路电流不超标）。故障发生时天气晴朗，站内无相关检修工作。500kV A 站 220kV 一次接线图如图 1-28 所示，A 站近区 220kV 接线图如图 1-29 所示。

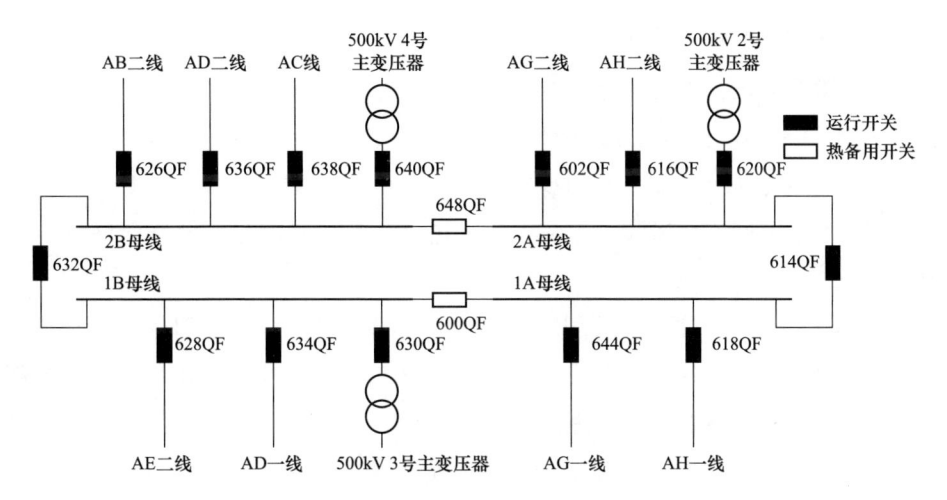

图 1-28　A 站 220kV 一次接线图

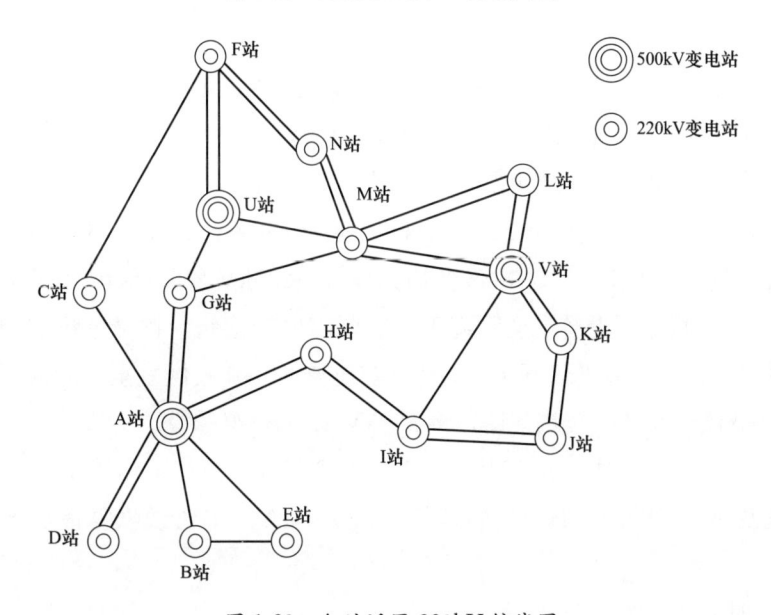

图 1-29　A 站近区 220kV 接线图

### 三、故障过程

1. 具体经过

（1）第一阶段：故障发生阶段。

15 日 11：55，500kV A 站 220kV 2B 母线、220kV AB 二线故障跳闸，A 站 220kV 2B 母线上运行的 220kV AD 二线、220kV AC 线、4 号主变压器中压侧被带跳。A 站 220kV 2B 母线双套母差保护动作，220kV AB 二线双套光差保护动作，故障测距距 A 站 0.01km。

（2）第二阶段：电网风险降控。

15 日 11∶55，省调通知地调 220kV D 站、E 站、B 站仅由 A 站 3 号主变压器供电（均运行在 A 站 220kV 1B 母线上），220kV C 站由 220kV CF 线单线供电，存在五级电网安全风险，需将上述变电站负荷尽量倒走，做好电网风险管控措施。

15 日 13∶07，省调令 A 站检查 220kV 1A 母线与 1B 母线间分段 600 开关一、二次设备情况，并通过在线安全分析校核，合上分段 600 开关后，无短路电流超开关遮断容量和断面超稳定限额等问题，随后省调下令合上 A 站分段 600 开关，220kV 1B 母线恢复双通道（A 站 3 号主变压器与分段 600 开关）供电，降控电网风险。

（3）第三阶段：故障设备隔离。

15 日 14∶45，A 站检查发现 220kV AB 二线 626 开关 C 相 TA 故障，需要更换，省调下令将 A 站 AB 二线 626 开关转检修。

（4）第四阶段：电网结构恢复。

15 日 18∶33，A 站检查 220kV AD 二线 636 开关、220kV AC 线 638 开关、4 号主变压器 640 开关一、二次设备均无异常，220kV 2B 母线因 220kV AB 二线 626 开关 C 相 TA 更换安全距离不够需要陪停转检修，省调令将 220kV AD 二线 636 开关、AC 线 638 开关、4 号主变压器 640 开关恢复至 220kV 1B 母线运行，将分段 600 开关转热备用，将 220kV 2B 母线转检修。

16 日 5∶22，A 站完成 220kV AB 二线 C 相 TA 更换工作竣工，将 220kV AB 二线及 A 站 220kV 2B 母线转运行，220kV 2A、2B 母线恢复正常接线方式运行。

故障时序图如图 1-30 所示。

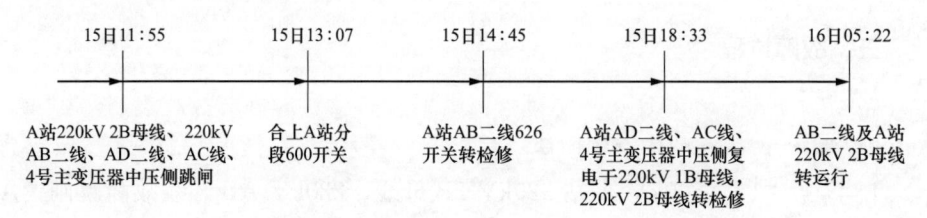

图 1-30 故障时序图

2. 故障主要影响

故障造成220kV B站、D站、E站仅由A站3号主变压器单电源供电，220kV C站由220kV CF线单线供电，电网结构大幅削弱，存在较大运行风险。

四、故障原因及分析

TA绝缘破坏导致放电，是本次故障的直接原因。A站检查发现220kV AB二线626开关C相TA $SF_6$压力降至零，壳体顶部压力防爆膜已破损，盆式绝缘子表面存在多处树枝状爬电痕迹，一次外壳内壁与二次屏蔽罩之间存在明显放电，解体检查发现二次绕组引出线及二次屏蔽罩接地线烧损严重。220kV AB二线626开关C相TA故障情况如图1-31~图1-33所示。分析认为，A站220kV AB二线626开关C相TA已运行17年，老旧设备运行稳定性下降，此为本次故障的直接原因。

图1-31 二次绕组引出线烧毁情况

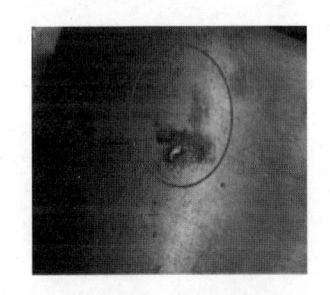

图1-32 一次外壳内壁放电痕迹

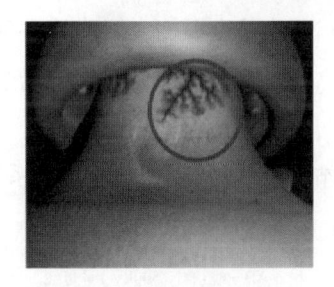

图1-33 高压均压屏放电点

TA绝缘器件存在缺陷，是本次故障的间接原因。经分析，220kV AB二线626开关C相TA盆式绝缘子出厂时自身存在绝缘损伤，长期运行后因累积效应产生爬电，爬电产生的含碳分解物造成TA内部气体绝缘劣化，引发内部击穿放电，此为本次故障的间接原因。

五、启示

1. 暴露问题

TA质量源头管控不到位。A站220kV AB二线626开关C相TA制造厂外购绝缘件质量管控不严，所用盆式绝缘子存在绝缘损伤，且出厂验收时未发现该隐患，最终导致此次故障。

2. 防范措施

针对本次故障暴露的问题，重点采取以下措施：

（1）做好互感器绝缘件质量源头管控。TA出厂验收应核查厂家绝缘件X光探伤和局放检测报告，并开展TA局放试验抽检，及早发现各类问题隐患。

（2）强化老旧TA运维保障。A站220kV AB二线626开关C相TA已运行17年，针对老旧TA，设备运维单位应缩短$SF_6$气体带电检测周期，强化设备巡视，$SO_2$、$H_2S$等成分如有异常应立即更换。

## 第六节　违　规　作　业

### 案例10　"8·14"某区域电网甲地区500kV AB一线因现场违规作业跳闸

**一、概要**

某年8月14日14：57，某区域电网甲地区500kV AB一线紧急停电，原因为500kV A站开展主变压器扩建工程时，施工人员违规作业导致挖掘机与AB一线避雷器C相本体金属构支架法兰碰撞，避雷器和电压互感器设备损坏。500kV AB一线紧急停运导致A站下接风电场全停，影响新能源功率17.1万kW。

**二、故障前运行方式**

A站全接线运行，其500kV系统为角型接线方式，220kV系统为双母线接线方式，具体如图1-34所示。

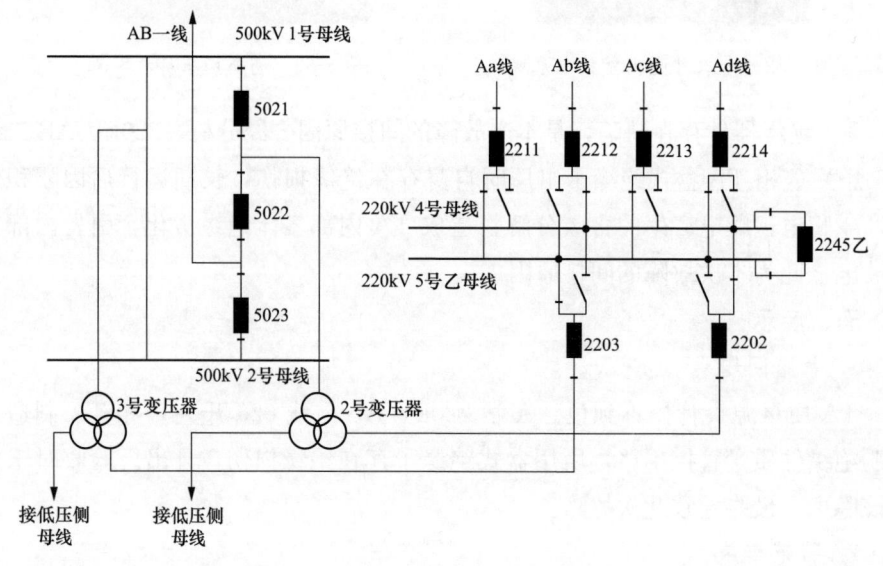

图1-34　500kV A站主接线图

A 站为新能源汇集站，下接 8 座风电场运行，合计功率 17.1 万 kW。近区接线方式如图 1-35 所示。

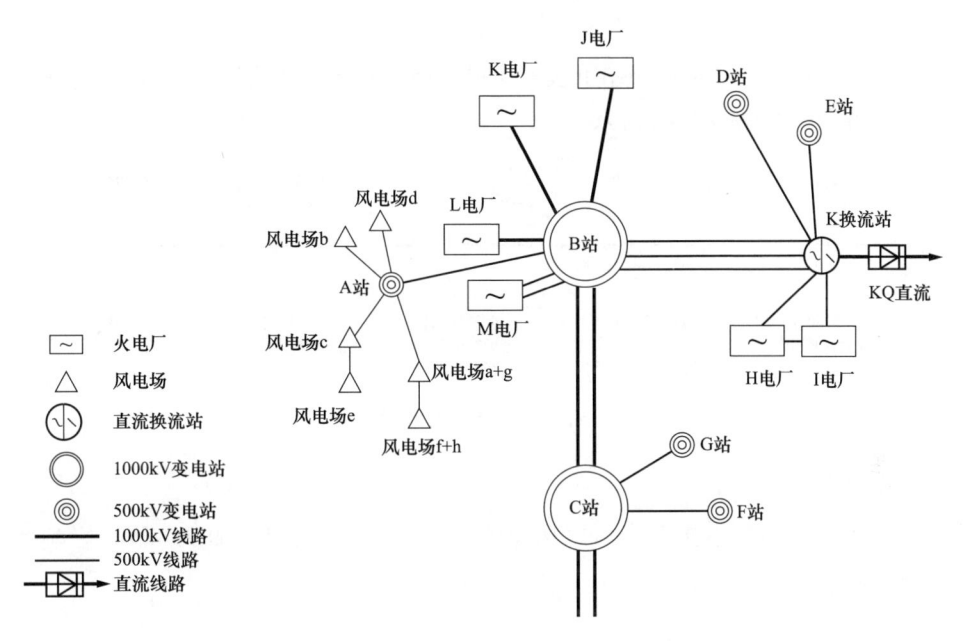

图 1-35 故障前甲地区主网接线图

### 三、故障过程

1. 具体经过

（1）第一阶段：现场申请 500kV AB 一线紧急停电。

14 日 10：35，现场汇报因现场违规作业，导致 500kV A 站 AB 一线线路 C 相电压互感器支撑绝缘子有裂纹，线路无法安全运行，申请紧急停运。

（2）第二阶段：A 站下接 8 座风电场陪停。

14 日 11：52，500kV A 站下接的风电场 a、b、c、d、e、f、g、h 共计 8 座风电场 220kV 主变压器均转热备用，风机陪停。

（3）第三阶段：500kV AB 一线转检修。

14 日 13：01，220kV Aa 线、Ab 线、Ac 线、Ad 线、af 线、ce 线由运行转热备用，配合 500kV AB 一线紧急停电。

14 日 14：57，500kV AB 一线紧急停电，处理 A 站线路出线 C 相避雷器本体、电压互感器本体断裂缺陷。

（4）第四阶段：500kV AB 一线及 A 站下接 8 座风电场送电。

15日12：42 A站更换了500kV AB一线出线处断裂的C相避雷器和C相电压互感器，缺陷消除。

15日16：30 500kV AB一线送电正常。

15日18：05 500kV A站下接8座风电场及其送出线路送电正常。

故障时序图如图1-36所示。

```
14日10:35      11:52           13:01           14:57         15日16:30
───┬──────────┬───────────────┬───────────────┬──────────────┬───
   │          │               │               │              │
A站申请500kV AB  A站下接8座风电    A站下接8座风     500kV AB一线    500kV AB一线
一线紧急停电    场主变压器转热    场220kV送出      紧急停电处缺    送电正常
              备用，风机陪停   线路转热备用
```

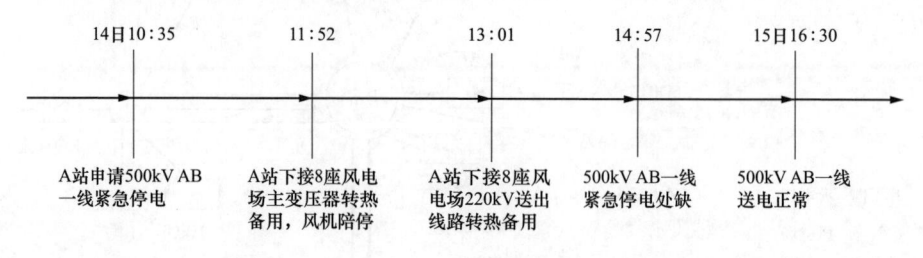

图1-36 故障时序图

2. 故障主要影响

500kV A站及下接8个风电场全停，风电装机容量129.9万kW，影响新能源功率17.1万kW，占甲地区新能源总功率21.6％。

四、故障原因及分析

施工单位违规作业是本次事件的直接原因。500kV AB一线紧急停电前，施工单位正在开展A站主变压器扩建施工工作。施工过程中，施工单位擅自打开硬质围栏，扩大范围进行施工，造成挖掘机铲斗与在运的500kV AB一线出线避雷器C相本体金属构支架端部法兰碰撞，支架晃动造成避雷器第一节与第二节连接处断裂，断裂的避雷器在引线拉力作用下与500kV AB别一线C电压相互感器撞击，C相电压互感器根部砸断，500kV AB一线无法安全运行。

安全责任缺失、安全管理失守、现场安全失控是本次事件的间接原因。建设管理单位未对施工方案进行审查，未管控日计划作业；运行单位安全措施布置不完善，工作许可责任未落实；监理单位存在未按照要求开展监理工作，未及时发现和制止施工人员擅自变更安全措施等违章行为。

五、启示

1. 暴露问题

（1）施工单位安全能力不满足要求。本次事件暴露了施工单位项目承建能力不足，相关人员业务能力、技能水平、工作经验不满足现场安全管控要求。

（2）建设单位专业管理能力不足。本次事件中，建设单位对施工计划不管控，对施工队伍不监管，对施工现场放任不管，项目安全管理失职。

（3）运维单位安全履责不到位。运维单位对工作票把关不严，未对安全措施是否满足施工需要进行严格审核，放任施工单位在运行变电站内随意作业。

（4）现场安全监督形同虚设。安全监理人员未有效开展安全巡视、安全旁站等工作，未及时发现作业人员严重违章，现场关键风险点监管失效。

2. 防范措施

针对本次故障暴露的问题，重点采取以下措施：

（1）强化项目各方安全责任。建设单位要切实履行监管职责，监理单位要严肃旁站监理，运行单位要严把设备主人关，牢牢守住各个责任关口，杜绝现场安全失职、失责、失管、失控。

（2）强化"两票"和施工方案管理。建设管理单位要强化安全管控，对在运变电站施工作业，要严格方案审查，严格执行"两票""双签发"等制度，加强吊车、挖掘机等大型机械进场管理。

（3）强化日作业计划管理。业主、施工、监理部门要对施工作业计划严管严控，杜绝计划不明、范围不清、超范围作业，做好安全措施布置和现场交底，加强现场全员管控和安全监督力度。

（4）强化外包队伍管理。严把外包队伍人员安全准入关，杜绝安全能力不足的单位及人员进场作业，严肃整治违章指挥、擅自作业等问题。

## 案例11 "10·14"某电网A站220kV Ⅱ母因现场违规作业跳闸

### 一、概要

某年10月14日14：16，某电网500kV A站220kV配电装置改造开展现场吊装作业，当吊物吊至220kV Ⅱ母TV引流线A相和B相导线之间时，安全距离不足，B相引流线对吊索放电，造成220kV Ⅱ母故障跳闸。同时，由于A站现场旁路代220kV AC一线操作时，未退出母差保护跳220kV AC一线出口压板，220kV Ⅱ母母差保护动作，远跳220kV AC一线对侧开关。故障造成AC一线、AC二线、AE三线、AE四线、AD一线、AD二线6条220kV线路跳闸，C、D、E、F、G共5座220kV站失电，损失负荷29.6万kW。

## 二、故障前运行方式

1. 故障前变电站内运行方式

500kV A 站 220kV 配电装置改造工作期间，220kV Ⅰ母停电，220kV Ⅱ母带 5 座 220kV 站（C、D、E、F、G 站）运行，如Ⅱ母故障跳闸将导致 5 站失电，构成五级电网风险。经电网安全校核，综合考虑电网安全约束，利用 220kV 旁路 235 开关代 AC 一线 263 开关运行在 220kV Ⅲ母，若 A 站 220kV Ⅱ母跳闸，由 AC 一线带 5 座 220kV 站负荷。

500kV A 站运行方式如下：500kV 4 回出线、3 台主变压器均在运行状态，220kV 201、203、264、265、266、267、268 开关运行于 220kV Ⅱ母，202、235（代 AC 一 263 开关运行）、269、273 开关运行于 220kV Ⅲ母，270、274 开关运行于 220kV Ⅳ母，224 开关联接 220kV Ⅱ、Ⅳ母运行，234 开关联接 220kV Ⅲ、Ⅳ母运行；277、263、213 开关冷备用。A 站 220kV 系统施工期间接线图如图 1-37 所示。

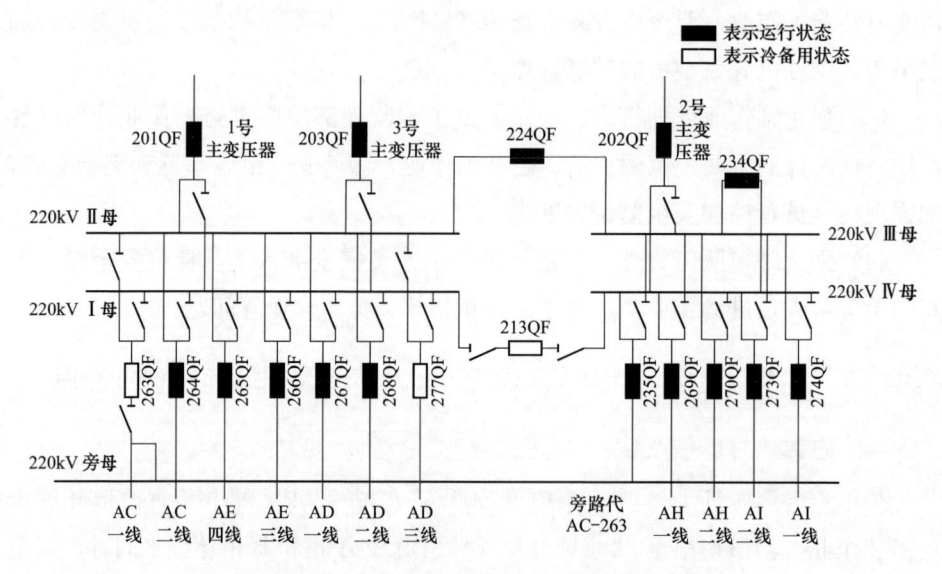

图 1-37 A 站 220kV 系统施工期间接线图

2. 故障前近区电网运行方式

A 站通过 220kV Ⅱ母、220kV Ⅲ母旁路代 AC 一线供 220kV C、D、E、F、G 5 站负荷。故障前某电网近区运行方式如图 1-38 所示。

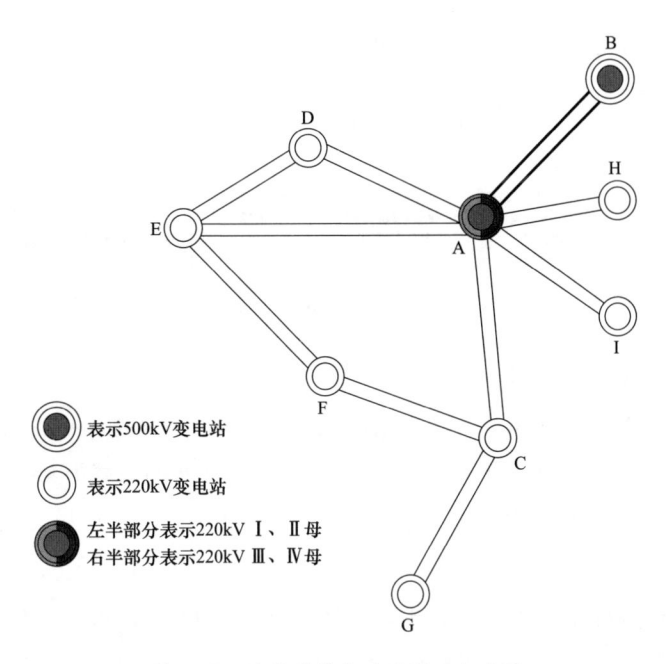

图 1-38 故障前某电网近区运行方式

### 三、故障过程

1. 具体过程

14 日 14：16：03，A 站 220kV Ⅱ 母 B 相故障跳闸，切除 Ⅱ 母运行元件，同时启动线路保护远跳（含 220kV AC 一线），54ms 后，C 站 220kV AC 一线 263 开关跳闸，造成 AC 一线、AC 二线、AE 三线、AE 四线、AD 一线、AD 二线 6 条 220kV 线路跳闸，C、D、E、F、G 共 5 座 220kV 站失电。

14：25，将 G 站 220kV CG 二、CG 一转热备用，G 站与 220kV 主网隔离。

14：31，通过 110kV 线路恢复 G 站失电负荷。

14：43，根据继保信息子站保护动作信息和现场设备检查汇报，确认 A 站 220kV Ⅱ 母具备送电条件，用 1 号主变压器 201 开关对 Ⅱ 母送电成功。

14：43，将 C 站 AC 一转运行对 C 站送电正常，恢复 C 站负荷。

14：48，AD 一线、AD 二线、AE 三线、AE 四线送电完毕，恢复 E、D、F 站负荷。

故障时序图如图 1-39 所示。

2. 故障主要影响

本次故障合计造成 6 回 220kV 线路跳闸，5 座 220kV 站、20 座 110kV 站失电。损失负荷29.6万kW，占某电网总负荷的2.2%。

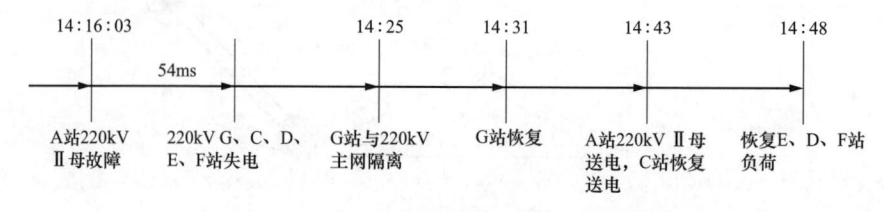

```
14:16:03       14:25      14:31        14:43          14:48
───┬───────────┬──────────┬────────────┬──────────────┬───
   │  54ms                                            
A站220kV    220kV G、C、D、  G站与220kV   G站恢复   A站220kV Ⅱ母   恢复E、D、F站
Ⅱ母故障    E、F站失电    主网隔离              送电，C站恢复    负荷
                                              送电
```

图 1-39 故障时序图

**四、故障原因及分析**

现场施工人员违规作业为本次故障的直接原因。故障前A站现场作业人员采取从带电的横跨Ⅰ母、Ⅱ母上方的引流线中间吊入的方式开展吊装作业，当吊车吊物行至220kV Ⅱ母TV引流线A相和B相之间时，B相引流线对吊索放电，导致Ⅱ母故障跳闸。

现场运行规程编审不严谨为本次故障的扩大原因。500kV A站旁路代路操作现场运行规程错误删除旁路代时"应退出母差失灵保护启动线路跳闸出口压板"的要求，导致此次旁路代220kV AC一线263开关回路时，220kV母差保护跳AC一线263开关压板在投入位置，当A站220kV Ⅱ母B相故障后，220kV母差保护动作，通过该压板回路给本站AC一线RCS 931光纤差动保护发启动远跳命令，220kV C站AC一线RCS 931光纤差动保护收到远跳命令出口跳闸。

**五、启示**

1. 暴露问题

（1）现场作业管理不到位。没有深刻吸取吊车碰线的同类故障教训，现场高风险作业辨识定级不准确，现场勘查不到位，危险点辨识不清，施工方案编审把关不严，工作票带电部位标示不明，安全交底流于形式，吊车操作人员、专责监护人等关键人员不清楚作业现场主要危险点，专责监护人、分票负责人、监理及到岗到位人员未在现场监护、履责，引发严重故障。

（2）运行管理存在严重漏洞。在旁路转代时，作业指导书和风险管控方案未考虑母差保护启动远跳风险，保护投退未按照电网方式安排进行调整。现场运行规程编审不严谨，错误删除旁路代线路时"应退出母差失灵保护启动线路跳闸出口压板"的要求。

（3）网架结构和方式安排需优化。500kV A站220kV出线安排不合理，部分 220kV 站双回进线来自同一座上级变电站的不同母线，但两条母线在同一套母差保护控制范围，存在安全隐患。安排检修方式时，未充分考虑低电压等级变电站和重要用户仍在同一座 500kV 站供电区域，未进行低电压等级负荷转移，造成大量用户停电。

2. 防范措施

针对本次故障暴露的问题，重点采取以下措施：

（1）强化作业现场安全管理。严格落实现场勘查制度，加强安全技术交底会管理，刚性执行施工方案变更的编审批流程。严格作业现场开（收）工会标准流程，严格落实特种作业和风险作业监护制度。

（2）做实变电站现场运行规程审查修编。落实专业管理责任，加强电网"三道防线"设备动作逻辑核查，重点关注非标准化设备、特殊运行方式下的设备、以及回路复杂、运行关联度高、有运维操作差异化要求的设备，定期开展变电站现场运行规程修编。

（3）加强二次专业管理。全面梳理掌握"三道防线"不同厂家线路、主变压器、母差等保护设备之间的差异点和特殊要求，形成特殊点台账。加强二次风险管控，对重大工程及高风险二次现场作业开展保护运行风险预判，强化现场查勘与二次安全措施执行，降低二次现场作业风险。

（4）加强重要用户风险管控。逐级梳理重要用户上级电源结构和电网运行方式，强化市地协同，特别是需要考虑多重严重故障形态，尽可能通过转移负荷规避风险。

# 第七节　其　　他

## 案例 12　"3·1"某电网 220kV A 水电厂全停

一、概要

某年 3 月 1 日 06：35，A 水利枢纽附属工程 W 水库发生漫坝，先后造成 A 水电厂 3～6 号机 4 台机组跳闸，1、2 号机紧急停运，A 水电厂升压站 220kV B 站全站失压。

二、故障前运行方式

1. 故障前 A 水电厂运行方式

A 水电厂水库水位 269.9m，按日均 1300 m$^3$/s 下泄，下泄流量通过水轮发电机组，A水电厂6台机组全开，带180万kW满负荷运行，其他泄洪孔洞均在全关位置，电厂站内无检修工作。

220kV B站母联、分段开关均在合位，四段母线并列运行，其中，2、3号发电机变压器组、Ⅱ、Ⅲ CB线运行于Ⅰ母（西母南段）；1号发电机变压器组、ⅠCB线运行于Ⅱ母（东母南段）；6号发电机变压器组、BD线、BE线运行于Ⅲ母（西母北段）；4、5号发电机变压器组，FB线、BG线运行于Ⅳ母（东母北段），运行方式如图1-40所示。

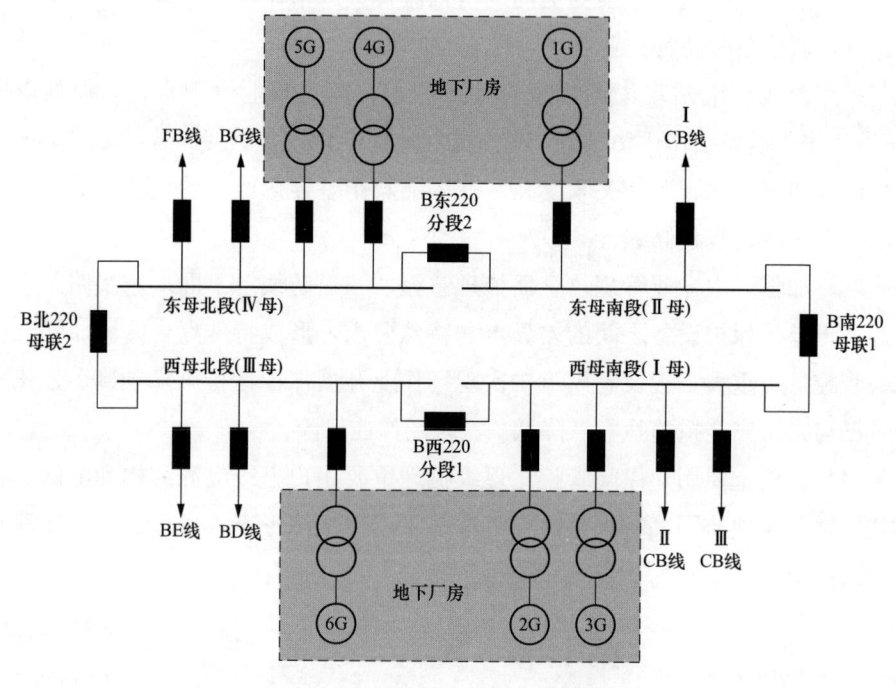

图1-40　220kV B站一次接线图

2. 故障前电网运行方式

故障前某电网B站近区电网接线方式如图1-41所示。

3. 故障前相关电网的负荷情况

故障前片区电网总用电负荷208万kW，H站500kV主变压器下送功率40万kW，C站500kV主变压器上送功率40万kW，A水电厂发电功率180万kW，J电厂发电功率14万kW，K电厂发电功率14万kW。

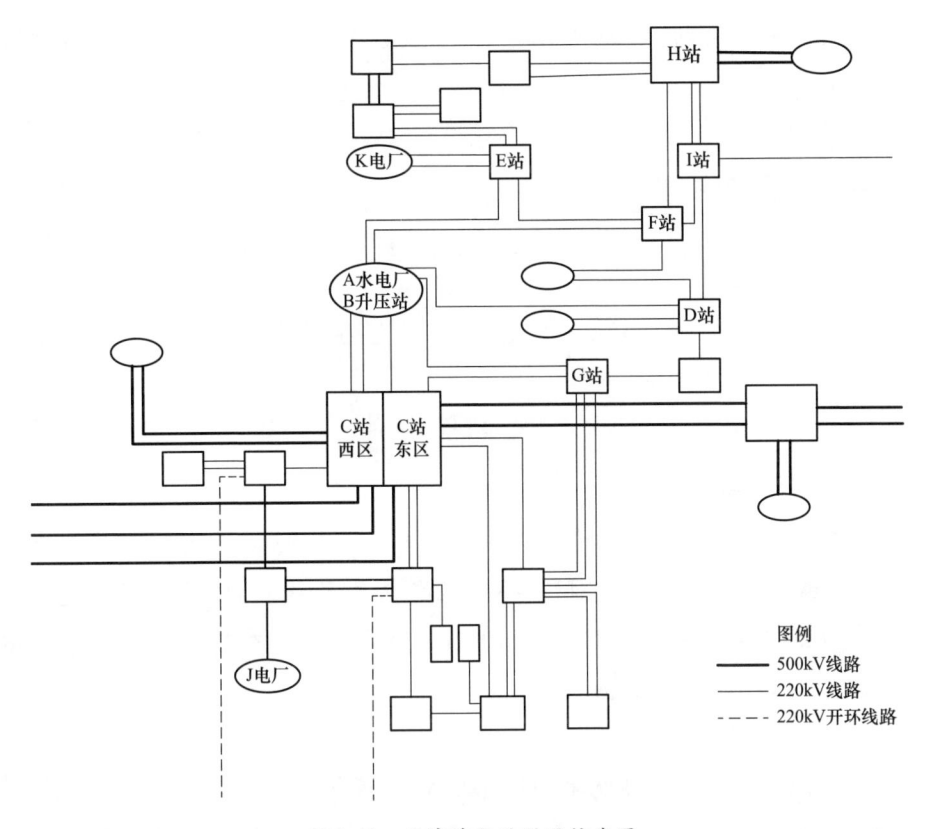

图 1-41 故障前 B 站近区接线图

### 三、故障过程

1. 具体经过

1日06：35～06：53，A水利枢纽附属工程W水库（位于A水电厂地下厂房东北方向500m）发生漫坝，坝体局部垮塌，水流进入A水电厂地下厂房。

1日07：00～07：09，A水电厂6、5、4、3号机组相继发电机变压器组保护动作跳闸。

1日07：17，A水电厂1、2号机组紧急停运。

1日07：52～08：07，A水电厂1～6号发电机变压器组保护屏柜进水，导致发电机变压器组保护跳母联、分段开关二次回路短路，先后造成B西220、B东220、B南220、B北220开关跳闸；发电机变压器组保护启动失灵，母线保护动作，造成Ⅰ、Ⅱ、Ⅲ CB线、BD线、BE线、FB线、BG线所有7回出线跳闸，B站全站失压。

1日11：18，利用220kV Ⅰ牡黄线对B站220kV东母南段充电正常。

1日14：47，B站220kV母线及Ⅱ、Ⅲ CB线、BG线、BD线、FB线相继送电正常。

2日01：02，BE线送电正常，B站所有故障设备均恢复运行。

故障时序图如图1-42所示。

| 3月1日 | | | | | | | | 3月2日 |
| --- | --- | --- | --- | --- | --- | --- | --- | --- |
| 06:53 | 07:00 | 07:09 | 07:17 | 07:52 | 08:07 | 11:18 | 14:47 | 01:02 |
| 地下厂房进水 | 6、5、4、3号机组相继因发电机变压器组保护动作跳闸 | | 1、2号机停运避险 | 1~6号发电机变压器组保护屏柜进水 | B站全站失压 | 用ⅠCB线对B站220kV东母南段充电正常 | B站220kV母线及Ⅱ、Ⅲ CB线、BG线、BD线、FB线送电正常 | BE线送电正常，B站所有故障设备均恢复运行 |

图1-42 故障时序图

2. 故障主要影响

本次故障造成B站全站全停，A水电厂6台机组全停，影响片区供电能力约180万kW；同时，Y市电网与主网的220kV联络线减少两回（Y市电网与主网的220kV联络线一共有BE线、FB线、DI线3条，本次故障造成BE线和FB线跳闸），电网运行方式薄弱。

四、故障原因及分析

经查，A电厂工程灌溉洞至大坝北侧W水库供水支路闸门故障，导致W水库灌满，W水库漫坝，水沿A电厂工程地下厂房8号和17号交通洞进入主厂房，造成A水电厂6、5、4、3号机组相继跳闸，1号机、2号机组紧急停运。由于厂房内发电机变压器组保护屏柜浸水，二次回路短路，其失灵保护出口至母差保护，跳开所有支路，220kV B站全站失压。

五、启示

1. 暴露问题

（1）现场运维巡视不到位。A水电厂未重视供水支洞相关设备运行管理工作，致使闸门启闭机控制系统处于故障状态；对W水库的日常管理、巡检、维修维护等工作监督检查不到位；W水库坝前雷达水位计日常使用、维护不到位，水位计故障，导致无法监测到水库水位异常抬升和将水位信息发送到监控系统；设备运维管理人员对设备隐患重视程度不够，未能及时采取措施加以整改。

（2）监测预警和应急管理不力。从灌溉洞供水支洞工作闸门非正常自行开启过水到W坝漫坝，值班人员未及时发现和处置险情，错失故障处置先机。

**2. 防范措施**

针对本次故障暴露的问题，重点采取以下措施：

（1）严格落实安全责任，加强设备运维。增强安全风险意识，提高全员防范能力，落实设备设施维修养护、巡查检查责任，开展对设备设施管理、巡检、维修维护等工作的监督检查，落实缺陷处置、隐患排查治理闭环管理机制。

（2）提升监测预警和应急反应能力。深刻总结故障教训，加强附属工程等可能影响到发供电系统正常运行的设施（设备）安全管理；加强附属工程水库供水支洞闸门控制系统、雷达水位计维修养护，确保功能正常；健全完善应急处置机制，持续开展人员应急处置培训。

# 第二章 直流系统故障

## 第一节 直流线路故障

### 案例1 "12·16"KH直流双极因跨越线路覆冰脱落闭锁

#### 一、概要

某年12月16日，a区域电网1000kV AB双线在与KH直流双极线路交叉跨越点发生覆冰脱落，冰柱下落导致KH直流双极线路与地线短路，KH直流双极直接闭锁，损失功率651万kW。送受端电网安控装置均正确动作，a、b区域电网频率波动约0.1Hz，送受端电网保持安全稳定运行，供电能力充足。

#### 二、故障前运行方式

KH直流系统图如图2-1所示。KH直流双极双换流器运行，双极输送功率651万kW。

a区域电网负荷水平2.3亿kW，火电开机容量2.38亿kW，功率1.65亿kW，新能源功率6920万kW，受电790万kW，受雨雪冰冻天气影响，网内2条1000kV线路、8条500kV线路停运。

b区域电网负荷水平2.7亿kW，火电开机容量2.1亿kW，功率1.73亿kW，新能源功率5930万kW，受电3920万kW，主网全接线方式运行。

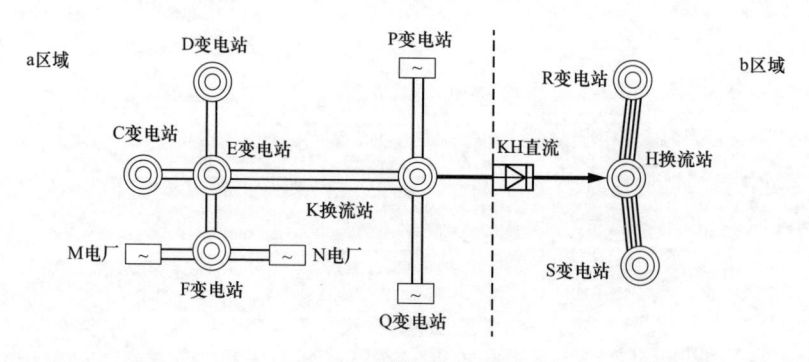

图2-1 KH直流系统图

#### 三、故障经过

1. 具体过程

16日11:06，KH直流双极闭锁，损失功率651万kW。

16日15:00，现场巡线发现KH直流双极线路N956号塔小号侧150m处

（1000kV AB 双线正下方）有放电痕迹，对应 KH 直流地线有放电痕迹。判断故障原因为 AB 双线覆冰脱落导致 KH 直流双极线路故障，引发 KH 直流双极闭锁。

16 日 16：25，完成 KH 直流双极 OLT 试验后，KH 直流恢复双极运行。故障时序图如图 2-2 所示。

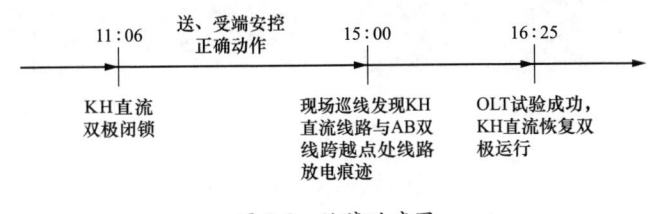

图 2-2 故障时序图

2. 故障主要影响

KH 直流双极闭锁损失功率 651 万 kW，送、受端安控装置均正确动作，送端 500kV 安控装置动作合计切除 a 区域电网 463 万 kW 机组，其中火电 6 台 393 万 kW，a 区域电网新能源 70 万 kW。受端 b 区域频率协控系统调制送 b 区域电网直流，合计提升受端功率 250 万 kW。安控装置动作后，a 区域电网频率由 50.01Hz 波动至 50.12Hz，b 区域电网频率由 50.02Hz 最低波动至 49.876Hz，CD Ⅰ线功率由南送 20 万 kW 最大波动至南送 130 万 kW，电网整体运行平稳。

### 四、故障原因及分析

现场巡线发现 KH 直流双极线路 N955-N956 区段位于 1000kV AB 双线 N300-N301 区段线下，地面散落大量冰柱及碎冰。现场判断故障原因为 1000kV AB 双线导线覆冰脱落，冰柱下落至 KH 直流线地线后被切断分散，地线两侧覆冰转变为垂直方向，砸向 KH 直流双极线路，引起线路导线与地线短路，最终造成 KH 直流双极闭锁。KH 直流地线放电点如图 2-3 所示，KH 直流双极线路放电点如图 2-4 所示。

### 五、启示

1. 暴露问题

（1）运检人员对线路跨越点脱冰风险认识不足。本次故障发生在线路交叉跨越点，线路运维人员未能及时发现跨越点脱冰情况，最终导致直流双极闭锁。

（2）技术支持系统建设有待加强。在故障处置过程中，当值调度员利用 PMS、故障录波、灾害预测分析等技术支持系统，极大地提高了故障处置的效

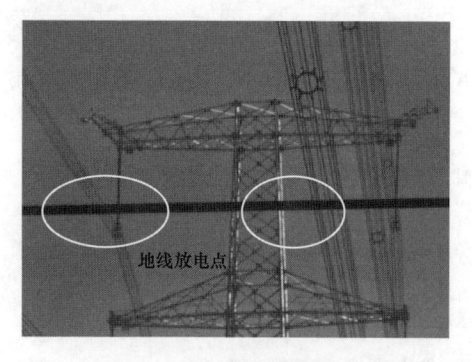

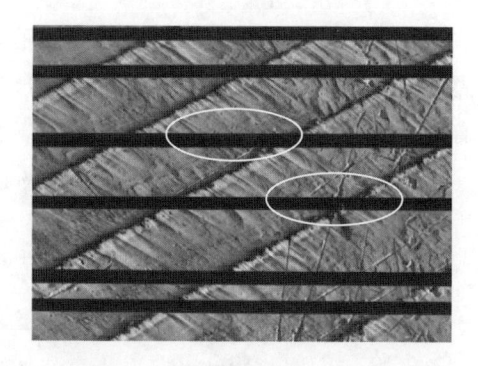

图 2-3　KH 直流地线放电点　　　　图 2-4　KH 直流双极线路放电点

率，但是现有技术支持系统未能实现覆冰、天气和"三跨"等多维信息的联动，未能实现故障原因推理分析，技术支持系统建设仍有待加强。

2. 防范措施

针对本次故障暴露的问题，重点采取以下措施：

（1）加强覆冰观测和特巡。强化对特高压线路交叉跨越区段监测，在特高压线路交叉跨越区段加装可视化视频等在线监测装置，提高实时观冰的精度。

（2）进一步加强技术支持系统。后续应继续强化技术支持系统建设，实现自动推送故障设备地理位置、台账等信息，推动多平台信息互联，加强故障信息集成和可视化展示，进一步支撑调度员故障处置。

（3）进一步加大污秽监测力度。年内逐步对污秽较重的变电站和线路加装污秽在线监测装置，实时监控污秽程度，在积污达到警戒值时提前安排停电清扫，防止污闪发生。

## 案例 2　"1·28"MN 直流极 Ⅱ 低端换流器因线路覆冰闭锁

一、概要

某年 1 月 28 日，MN 直流极 Ⅱ 线路湖南境内 1507～1510 号杆塔地线覆冰断裂，MN 直流极 Ⅱ 线路故障，最终导致 MN 直流极 Ⅱ 低端换流器闭锁。MN 直流剩余 3 个换流器转带全部功率，没有造成功率损失。

二、故障前运行方式

MN 直流双极双换流器运行，双极输送功率 100 万 kW。MN 直流系统图如图 2-5 所示。

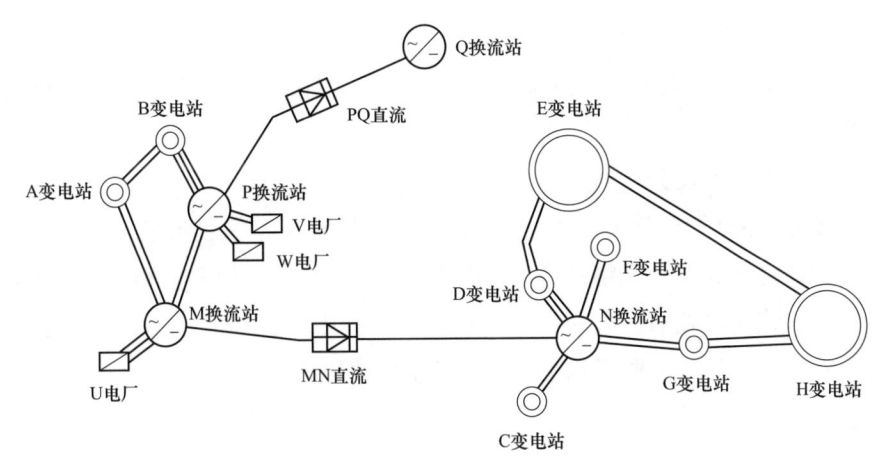

图 2-5 MN 直流系统图

### 三、故障经过

1. 具体过程

1月28日10:17，N换流站MN直流极Ⅱ极保护三套电压突变量保护动作，直流再启动失败后，重启极Ⅱ高端换流器成功，极Ⅱ低端换流器闭锁，功率全部由剩余3个换流器转带，未造成功率损失。

1月28日11:14，MN直流极Ⅰ由额定电压方式运行转为降压方式（560kV）运行。

1月28日19:55，MN直流极Ⅱ高端换流器停运开展线路消缺工作。

1月29日06:45，MN直流极Ⅰ双换流器转为降压方式，配合开展极Ⅱ线路检修工作。

2月2日13:00、15:16，线路消缺工作完成，MN直流极Ⅰ、极Ⅱ相继恢复运行。

故障时序图如图2-6所示。

图 2-6 故障时序图

2. 故障主要影响

故障造成 M 换流站、N 换流站母线电压出现小幅波动，未对电网运行造成其他影响。

四、故障原因及分析

现场巡线发现 1507~1509 号地线断裂下垂导致与 MN 直流极 Ⅱ 线路安全距离不足，最终造成极 Ⅱ 线路故障。根据 1507~1510 号塔区段地理位置以及历史天气分析，该区段相对湿度较大，水汽丰富。杆塔所在地海拔高、气温低，在冷空气和丰富水气的共同影响下，容易发生线路覆冰。

五、启示

1. 暴露问题

（1）线路巡视工作不到位。对于冬季冰冻天气较为频繁的线路区段，没有针对性地开展线路巡视，未能及时发现覆冰情况并向调度提出预警。

（2）"微地形、微气象"风险认识不足。杆塔所在地海拔高、气温低，在冷空气和丰富水气的共同影响下容易发生线路覆冰。未能正确认识"微地形、微气象"带来的局部覆冰风险。

2. 防范措施

针对本次故障暴露的问题，重点采取以下措施：

（1）强化线路巡视。针对冬季冰冻天气较为频繁的线路区段，现场应加强线路巡视工作，发现覆冰后及时向调度汇报。调度通过直流降压、预控功率等措施确保电网安全运行。

（2）排查"微地形、微气象"风险。重点排查梳理杆塔所在地海拔高、气温低，在冷空气和丰富水气的共同影响下容易发生线路覆冰的地区，制定专项监视和除冰方案。

## 案例 3　"9·27" PQ 直流极 Ⅰ 因线路山火闭锁

一、概要

某年 9 月 27 日，PQ 直流极 Ⅰ 线路 753~754 号区段下方发生一级山火，造成 PQ 直流极 Ⅰ 闭锁，极 Ⅱ 转带功率至 157 万 kW，损失功率 116 万 kW，安控装置正确动作，切除 A 电厂 1 台机组（功率 66 万 kW）。

二、故障前运行方式

PQ 直流双极大地回线方式运行，输送功率 273 万 kW。A 电厂 11 台机组运行，全厂功率689万kW。PQ直流送受端接线如图2-7所示。

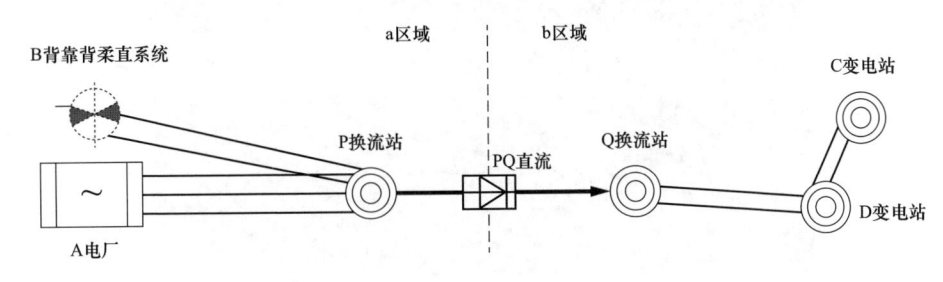

图 2-7　PQ 直流系统图

### 三、故障经过

1. 具体过程

27日16：56，P换流站PQ直流极Ⅰ行波保护、突变量保护动作，极Ⅰ闭锁，极Ⅱ转带功率至157万kW，损失功率116万kW，安控装置切除A电厂8号机（功率66万kW）。

17：37，Q换流站开展PQ直流极Ⅰ带线路OLT试验，试验结果正常。

18：41，PQ直流极Ⅰ恢复运行。

19：00，PQ直流双极功率恢复日前计划。

故障时序图如图2-8所示。

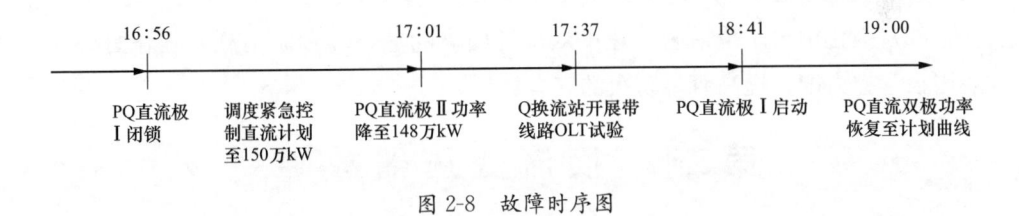

图 2-8　故障时序图

2. 故障主要影响

故障导致b区域电网频率由50.03Hz下降至49.94Hz，未对电网运行造成其他影响。

### 四、故障原因及分析

P、Q站内检查一、二次设备无异常。现场巡线发现PQ直流极Ⅰ线路753～754号杆塔间导线下方农民焚烧秸秆，引发一级山火，导致线路故障，如图2-9所示。

图 2-9　PQ 线 753~754 号极Ⅰ导线放电痕迹

**五、启示**

1. 暴露问题

（1）农民电力安全意识不足。农民群众法律认识不足，电力安全意识不足，盲目烧荒导致直流故障。

（2）农民山火防范意识不足。部分山区居民对山火的防范意识相对薄弱，缺乏必要的防火知识。

2. 防范措施

针对本次故障暴露的问题，重点采取以下措施：

（1）加强电力安全宣传工作。向线路沿途居民普及法律和电力安全的重要性，讲解烧荒注意事项，尽力避免出现类似故障。

（2）强化山火防范措施。让民众了解山火的危害和预防措施，强化野外违规用火管控力度，提高森林防火的安全意识。

# 第二节　换流变压器故障

## 案例 4　"11·4" RS 直流极Ⅰ低端换流器因 R 换流站换流变压器套管故障闭锁

**一、概要**

某年 11 月 4 日，RS 直流 R 换流站极Ⅰ低端 Y/D A 相换流变内部均压管因绝缘缺陷产生放电，内部短路后，换流变角接小差差动速断保护动作，RS 直流极Ⅰ低端换流器闭锁。故障后剩余 3 个换流器转带全部功率，未造成功率损失。

**二、故障前运行方式**

RS 直流双极双换流器运行，输送功率 362.2 万 kW，故障前正在进行直流功率调整操作（由 362.2 万 kW 降至 357.2 万 kW）。RS 直流运行方式如图 2-10 所示。

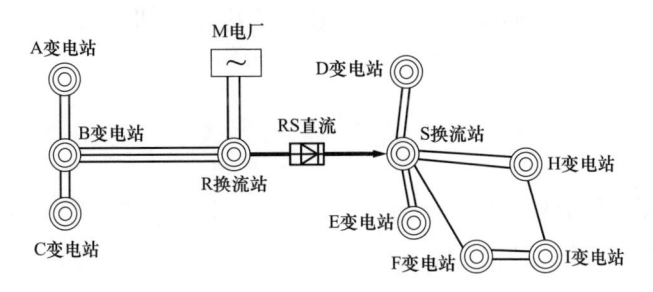

图 2-10  RS 直流运行方式

### 三、故障经过

1. 具体过程

4 日 01：54，RS 直流 R 换流站极 Ⅰ 低端 Y/D A 相换流变压器突发内部短路故障，换流变压器角接小差差动速断保护动作，极 Ⅰ 低端换流器闭锁，无功率损失。

4 日 02：09，控制 RS 直流功率 228 万 kW。

4 日 02：27，为预控风险，RS 直流极 Ⅰ 高端换流器停运，极 Ⅱ 功率降至 40 万 kW。

4 日 02：49，R 换流站极 Ⅰ 高端换流器转检修配合开展故障原因检查工作。故障时序图如图 2-11 所示。

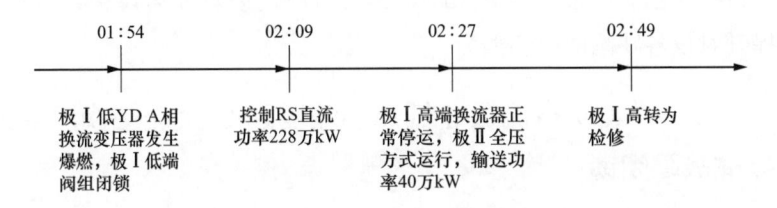

图 2-11  故障时序图

2. 故障主要影响

故障造成 RS 直流极 Ⅰ 低端换流器闭锁，为预控风险，RS 直流 Ⅰ 高端换流器停运，极 Ⅱ 功率降至 40 万 kW，未影响电力平衡。

### 四、故障原因及分析

现场检查发现 R 换流站极 Ⅰ 低 Y/D A 相换流变压器本体、阀厅墙壁及 BOX-IN 隔板严重烧损，换流变压器本体油箱撕裂，支撑钢结构有明显的弯曲和变形，换流变压器油箱网侧箱壁严重变形鼓出，750kV 网侧套管外瓷套烧损。

换流变压器返厂解体检查结果及仿真试验表明，该换流变压器生产过程中存在均压管外部绝缘工艺不良缺陷，投运后由于高电压长期作用，导致缺陷逐步扩大和发展，最终在均压管外部转角处形成贯穿性放电通道。

### 五、启示

1. 暴露问题

（1）换流变压器设备质量不过关。R换流站同批次换流变压器生产过程中存在均压管外部绝缘工艺不良缺陷，投运后由于高电压长期作用，导致缺陷逐步扩大和发展，最终在均压管外部转角处形成贯穿性放电通道。

（2）换流变压器在线监测技术、故障预警技术有待提高。R换流站未能通过有效手段及时发现换流变压器内部均压管绝缘缺陷，未能预警换流变压器内部放电，最终导致换流变压器严重故障。

2. 防范措施

针对本次故障暴露的问题，重点采取以下措施：

（1）做好设备质量检查。对于本次故障换流变压器，应开展同批次换流变压器的抽检试验，做好质量评估，必要时进行返厂更换。对于换流变压器等特高压关键设备，应持续做好设备出厂质量检查，投运前开展质量评估，确保重要设备质量过关。

（2）加强换流变压器在线监测技术、故障预警技术。应用新技术开展在运换流变压器在线监测和带电检测跟踪，必要时应定期对在运设备开展现场局放试验，提升对设备缺陷的检测能力。

## 案例5 "6·4"UV直流极Ⅱ低端换流器因U换流站换流变压器本体故障闭锁

### 一、概要

某年6月4日，U换流站极Ⅱ低端三套换流变压器星接小差工频变化量差动保护动作，极Ⅱ低端换流器闭锁，损失功率190万kW，安控装置动作切除A电厂1号机组、B电厂1号机组。

### 二、故障前运行方式

UV直流双极低端换流器大地回线全压方式运行，输送功率400万kW。UV直流送受端电网接线图如图2-12所示。

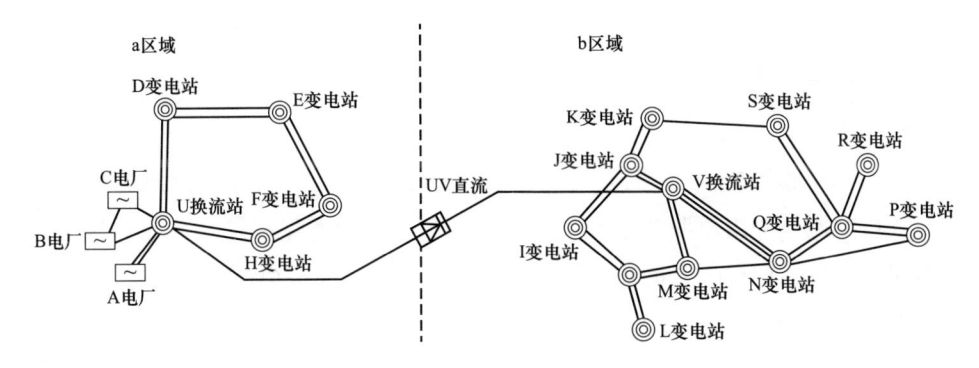

图 2-12 UV 直流送受端电网接线图

### 三、故障经过

1. 具体过程

4 日 21：01，UV 直流 U 换流站极 Ⅱ 低端换流变压器三套星接小差保护动作，UV 直流极 Ⅱ 低端换流器闭锁，损失功率 190 万 kW。同时安控装置正确动作切除 A 电厂 1 号机组、B 电厂 1 号机组。调度紧急调减 UV 直流功率至 116 万 kW。

4 日 21：34，U 换流站 UV 直流极 Ⅱ 转为检修开展消缺工作。

故障时序图如图 2-13 所示。

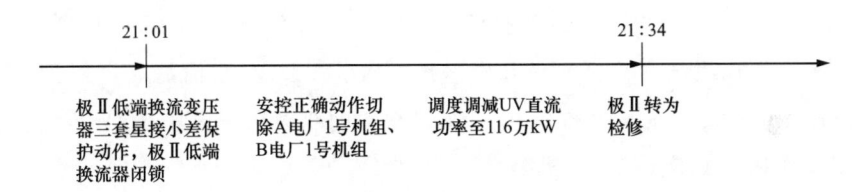

图 2-13 故障时序图

2. 故障主要影响

故障造成 UV 直流极 Ⅱ 低端换流器闭锁，损失功率 190 万 kW，安控装置切除 A 电厂 1 号机组、B 电厂 1 号机组。CD Ⅰ 线功率由北送 62 万 kW 最大波动至南送 100 万 kW，a 区域电网频率由 50.05Hz 最高波动至 50.10Hz，b 区域电网频率由 50.01Hz 最低波动至 49.94Hz。

### 四、故障原因及分析

现场对换流变压器本体以及气体继电器内气体开展离线色谱分析，判断故障类型为电弧放电。对故障录波进行分析，发现换流变压器阀侧套管首端 TA 电流与阀侧尾端 TA 电流相同，且换流变压器网侧电压幅值无明显变化，符合换流变压器网侧绕组匝间短路的故障特征，结合现场设备检查结果，综合判断故障原因为 U 换流站极Ⅱ低端 Y/Y B 相换流变压器网侧绕组匝间短路。

### 五、启示

1. 暴露问题

现场绝缘隐患排查不到位。换流变压器长期运行时，在电磁力的作用下，换流变压器网侧绕组不断产生振动摩擦，导致匝间绕组绝缘彻底失效，形成匝间短路。现场运维单位未能及时发现换流变压器匝间绕组绝缘失效情况。

2. 防范措施

针对本次故障暴露的问题，重点采取以下措施：

做好换流变压器预防性试验工作。针对换流变压器匝间绕组绝缘隐患问题，相关单位应定期开展换流变压器绕组变形等各类预防性试验，尽早发现绝缘缺陷，避免故障发生。

## 第三节　直流滤波器故障

### 案例6　"7·8"XY直流极Ⅱ因直流滤波器故障闭锁

#### 一、概要

某年7月8日15：32，因Y换流站022LB直流滤波器内L1电抗器支柱绝缘子故障，Y换流站XY直流极Ⅱ极保护、极Ⅱ022LB直流滤波器保护动作，XY直流极Ⅱ闭锁，损失功率135万kW（故障前双极功率300万kW），安控装置正确动作切除R电厂27号机组（65万kW）。

#### 二、故障前运行方式

故障前运行方式如图2-14所示。XY直流双极运行，输送功率300万kW。Y换流站交流场全接线方式运行。当时Y换流站所在的某省正值梅雨季节，连

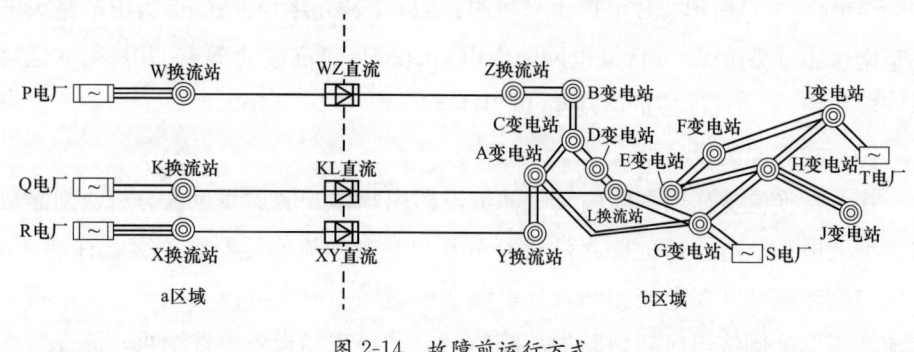

图2-14　故障前运行方式

续阴雨天气，空气相对湿度达93%，气温31℃。

### 三、故障过程

1. 具体过程

8日15:32，Y换流站XY直流极Ⅱ极保护、极Ⅱ 022LB直流滤波器保护动作，极Ⅱ闭锁，损失功率135万kW，安控装置正确动作切除R电厂27号机组。

8日15:55，调度紧急调减XY直流极Ⅰ功率至150万kW，并安排R电厂27号机组恢复运行。

8日16:54，XY直流转为极Ⅰ金属回线方式运行。

9日02:13，隔离Y换流站022LB直流滤波器后，XY直流极Ⅱ恢复运行。

9日08:22，完成电抗器本体及支柱绝缘子更换后，Y换流站022LB直流滤波器恢复运行。

故障时序图如图2-15所示。

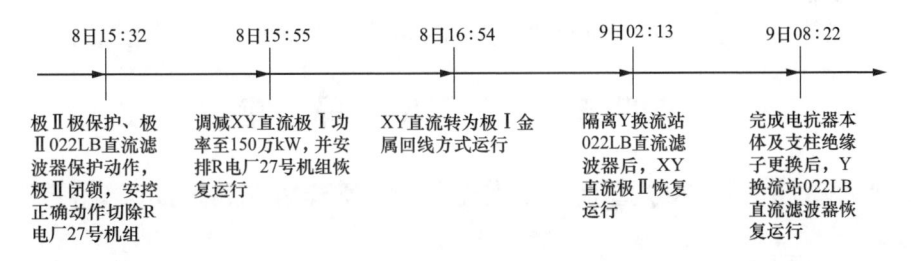

图2-15 故障时序图

2. 故障主要影响

故障造成XY直流功率减少150万kW，安控装置正确动作，切除R电厂27号机组，b区域电网频率最低跌至49.944Hz，未影响b区域电网平衡。

### 四、故障原因及分析

现场检查发现Y换流站极Ⅱ 022LB直流滤波器L1电抗器表面、底部铝制吊架排和支柱绝缘子有故障痕迹，底座螺栓有烧蚀痕迹。故障期间直流滤波器L1电抗器高压侧、低压侧避雷器A1、A2各动作1次，高、低压之间避雷器A3未动作，判断为极Ⅱ直流线路遭雷击后（未引起线路保护动作）电压存在波动，电压最高幅值为−628kV，极Ⅱ中性母线电压波动最高为62.5kV且电压幅值存在周期振荡情况，导致Y换流站中性母线产生振荡过电压（电压幅值最高达62.5kV，振荡频率为接近工频的2、4次谐波），在此振荡过电压作用下，直流滤波器支柱绝缘子发生闪络跳闸。进一步检查发现，Y换流站022LB直流滤波器L1电抗器支柱绝缘子绝缘参数较低，导致支撑绝缘子闪络击穿。

五、启示

1. 暴露问题

故障支柱绝缘子绝缘参数较低。在恶劣天气条件下，设备绝缘性能不足而导致闪络击穿，反映出设备选型标准应进一步提高。

2. 防范措施

针对本次故障暴露的问题，重点采取以下措施：

（1）加强现场运维巡视工作。针对相关设备易发生闪络跳闸问题，一是日常巡视过程中利用红外、紫外等工具对一次设备进行检测分析跟踪；二是对设备的基础运维数据定期抄录分析；三是遇到雷雨等恶劣天气情况，增加对设备的特巡工作；四是年度大修期间做好设备的检修预试，及时消除缺陷。

（2）提高对相关设备支柱的选型标准。提高雷雨等极端天气条件下设备过电压耐受能力和绝缘性能，降低小概率闪络故障，避免影响直流系统正常运行。

## 第四节 光 TA 异 常

### 案例7 "1·7"KQ直流双极因光TA测量异常先后闭锁

一、概要

某年1月7日，受极寒天气影响，KQ直流K换流站出现多套光TA测量异常，导致直流保护多次出现异常，造成KQ直流双极停运，未影响电网安全稳定运行和电力供需平衡。

二、故障前运行方式

KQ直流双极双换流器运行，双极输送功率400万kW。故障前运动方式如图2-16所示。

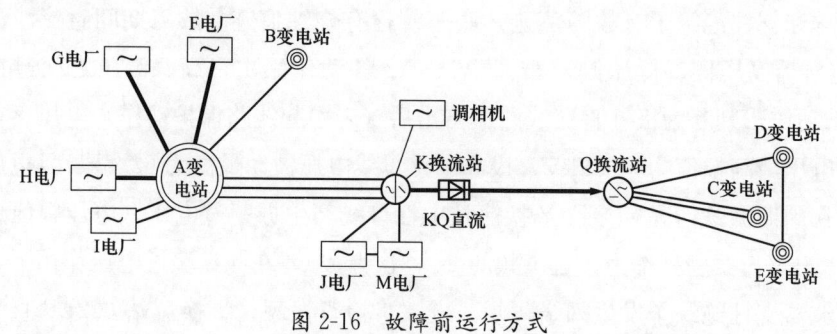

图2-16 故障前运行方式

## 三、故障过程

1. 具体过程

7日01：40，K换流站光TA因受冻测量异常、K换流站极Ⅰ低端全部3套阀组保护相继退出，KQ直流极Ⅰ低端换流器紧急停运，并控制输送功率至200万kW。

7日09：21，KQ直流极Ⅱ线路纵差保护B套动作，一次全压再启动成功。

7日09：23，K换流站极Ⅱ极差动保护C套动作，KQ直流极Ⅱ闭锁，极Ⅰ高端换流器转带全部功率（a区域电网送b区域电网200万kW）；为控制入地电流，调度紧急调减KQ直流功率至110万kW。

7日10：15，K换流站接地极线差动保护A、C套动作，KQ直流极Ⅰ闭锁，损失功率110万kW。

7日16：05，现场气温上升后，光TA测量异常相继复归。KQ直流恢复极Ⅰ高端、极Ⅱ双换流器方式运行，输送功率相应恢复日前计划（a区域电网送b区域电网271万kW）。

故障时序图如图2-17所示。

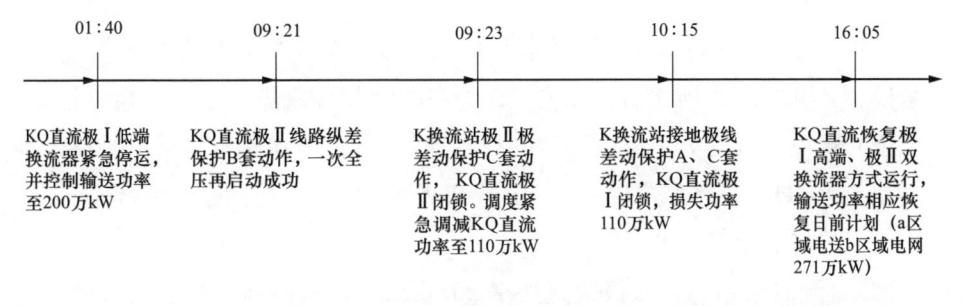

图2-17 故障时序图

2. 故障主要影响

故障造成KQ直流双极先后闭锁，累计损失功率400万kW，故障期间b区域（受端）电网频率无明显波动，未影响b区域电网（受端）平衡。

## 四、故障原因及分析

经现场检查发现光TA一次设备本体外观无异常，使用光时域反射仪检查光纤回路，发现光TA本体内部光纤衰耗偏大，判断为室外温度过低（室外温度为零下37.5℃）导致的光TA本体保偏光纤移位，最终引起测量异常。

### 五、启示

1. 暴露问题

低温环境下光 TA 运行监视工作不到位。室外温度下降后，光 TA 存在测量异常的风险，进而导致相关直流保护异常动作，造成直流运行设备非计划停运。反映出设备运维人员对光 TA 运行监视力度不够，未能及时发现低温环境下光 TA 运行不稳定的问题。

2. 防范措施

针对本次故障暴露的问题，重点采取以下措施：

加大光 TA 运维监视力度。光 TA 运行受温度影响，低温运行时不稳定，可能出现测量异常的情况，相关运行人员日常运行维护中应密切关注天气变化，出现低温天气时应加强光 TA 参数运行监视，并提前采取增加伴热带、保温被等保温措施。当光 TA 受低温影响测量异常时，现场应及时申请退出故障光 TA 相关保护装置，避免保护异常动作导致运行设备非计划停运。

## 案例 8　"7·8"LR 直流极 Ⅱ 因光 TA 测量异常闭锁

### 一、概要

某年 7 月 8 日 18：39，LR 直流 L 换流站极 Ⅱ 极保护 C 所接极母线光 TA 测量模块、极保护 A 所接直流场光 TA 测量模块相继故障，导致 L 换流站 LR 直流极 Ⅱ 闭锁，损失功率 47 万 kW。故障期间，c 区域电网（送端）频率最高波动至 50.04Hz，d 区域电网（受端）频率无明显波动，电网总体运行平稳。

### 二、故障前运行方式

LR 直流双极运行，双极输送功率 267 万 kW。故障前运行方式如图 2-18 所示。

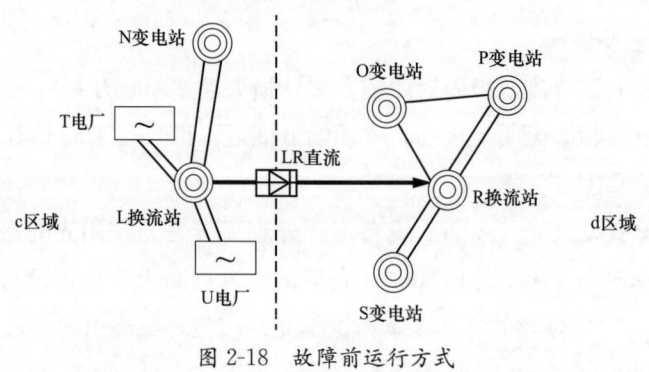

图 2-18　故障前运行方式

### 三、故障过程

1. 具体过程

8日18:27,LR直流极Ⅱ极C套保护光TA接口屏测量模块故障,测量模块测量值显示为0,保护判定存在差流,正常出口跳闸信号,因此时仅单套保护动作,不满足"三取二"出口逻辑,极Ⅱ极保护未动作出口,但极Ⅱ直流保护C套极母线差动、极差动保护跳闸信号始终保持。

8日18:39,LR直流极Ⅱ光TA测量接口屏A板卡(光电转换板卡)故障,A套保护退出运行,此时仅剩两套在运保护,"三取二"逻辑变为"二取一"逻辑,保护动作出口,L换流站LR直流极Ⅱ闭锁,损失功率47万kW。

8日11:54,完成光TA异常测量模块消缺后,LR直流极Ⅱ恢复运行。

18:50,调度紧急调减LR直流极Ⅰ功率至198万kW。21:45,LR直流转为极Ⅰ金属回线方式运行。9日11:54,完成光TA异常测量模块消缺后,LR直流极Ⅱ恢复运行。

故障时序图如图2-19所示。

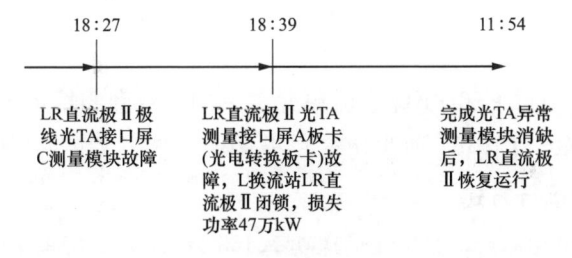

图 2-19 故障时序图

2. 故障主要影响

故障造成LR直流损失功率47万kW,c区域电网(送端)频率最高波动至50.04Hz,d区域电网(受端)频率无明显波动,电网总体运行平稳。

### 四、故障原因及分析

经查,7月8日18:27,极Ⅱ极C套保护光TA测量设备异常,直流保护C套极母线差动保护信号始终保持,因"三取二"逻辑未满足,故动作信号未出口。18:39,极Ⅱ直流测量系统屏A保护装置板卡瞬时异常,造成极Ⅱ直流保护A自动退出,保护出口逻辑由"三取二"变为"二取一",由于此时极Ⅱ直流保护C跳闸信号持续存在,满足保护出口逻辑,导致极Ⅱ直流系统闭锁。

## 五、启示

1. 暴露问题

光 TA 等直流核心设备隐患排查不到位。直流核心设备长期运行下会出现设备老化或元器件型号落后等问题，本次 L 换流站 12min 内连续发生光 TA 测量模块异常，导致 LR 直流极 II 闭锁。反映了设备运维人员对相关直流核心设备存在的隐患重视不够，未能提前采取措施整改。

2. 防范措施

针对本次故障暴露的问题，重点采取以下措施：

加强设备运维管理工作。在实际运行中，应进一步加强直流核心设备等关键元器件的运维管理及状态评估，合理安排老旧设备或元器件升级换型，提高换流站核心设备运行的可靠性，避免直流系统故障。

# 第五节 控 制 系 统 异 常

## 案例 9 "7·7"KQ 直流单元 I 因阀控通信板卡故障闭锁

### 一、概要

某年 7 月 7 日 11：56，KQ 直流单元 I 甲网侧双套阀控系统通信板卡故障，误发指令，导致单元 I 闭锁，损失功率 40 万 kW，故障未对电网运行造成其他影响。

### 二、故障前运行方式

KQ 直流双单元运行，双单元输送功率 165 万 kW。故障前运行方式如图 2-20 所示。

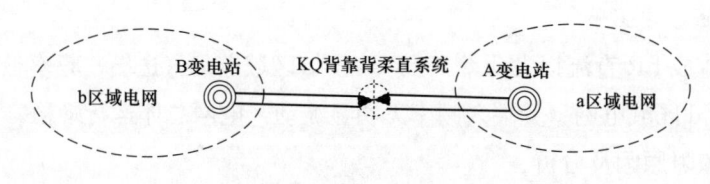

图 2-20 故障前运行方式

### 三、故障经过

1. 具体过程

7 日 11：56，KQ 直流单元 I 甲网侧双套阀控系统通信板卡故障，误发指令，导致单元 I 闭锁，损失功率 40 万 kW。

9 日 04：55，故障板卡更换工作完成后，KQ 直流单元 I 恢复运行。

故障时序图如图 2-21 所示。

2. 故障主要影响

故障造成 KQ 直流损失功率 40 万 kW，未影响 a、b 区域电网平衡，未对电网运行造成其他影响。

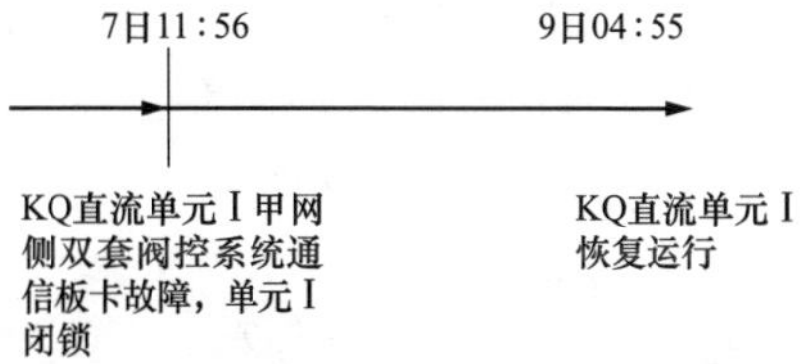

图 2-21 故障时序图

（7日11：56 KQ直流单元Ⅰ甲网侧双套阀控系统通信板卡故障，单元Ⅰ闭锁；9日04：55 KQ直流单元Ⅰ恢复运行）

### 四、故障原因及分析

经查，KQ 直流单元Ⅰ闭锁原因为单元Ⅰ甲网侧子模块与双套阀控系统传输信号的通信板卡故障，导致双套阀控系统无法监测相关子模块状态，误认为相关子模块全部故障，阀控系统发出闭锁指令，KQ 直流单元Ⅰ闭锁。

### 五、启示

1. 暴露问题

通信设备隐患排查工作不到位。直流控制系统结构复杂，通信板卡故障可能导致阀控系统丢失关键信息，进而造成直流单元闭锁。设备运维管理人员对通信板卡存在的隐患重视不够，未能采取措施加以整改。

2. 防范措施

针对本次故障暴露的问题，重点采取以下措施：

强化通信设备检查。站内全面开展通信设备检查，重点排查可能造成直流单元闭锁的通信板卡故障，及时组织整改，单一板卡故障时应满足实时切换备用板卡功能，保证重要设备可靠运行。

## 第六节　辅 助 设 备 异 常

## 案例 10　"7·10"KQ 直流双极因 Q 换流站冷却水系统异常闭锁

### 一、概要

某年 7 月 10 日 15：40，Q 换流站 3392 开关 $SF_6$ 压力低分闸闭锁，为隔离 3392 开关，需要 Q 换流站 750kV 2 号主变压器和 330kV QE 二线陪停。16：11，倒换 Q 换流站 750kV 2 号主变压器所带站用负荷时，Q 换流站双极换流阀冷却系统交流电源失去，导致 KQ 直流双极闭锁，安控装置正确动作，切除甲网机组 102 万 kW（F 电厂 1 号机组 53 万 kW，2 号机组 49 万 kW）。故障期间，a 区域电网（送端）频率最高波动至 50.09Hz，b 区域电网（受端）频率最低波动至 49.90Hz。

## 二、故障前运行方式

KQ 直流双极大地回线全压运行，K 换流站送 Q 换流站 169 万 kW。故障前运行方式如图 2-22 所示。

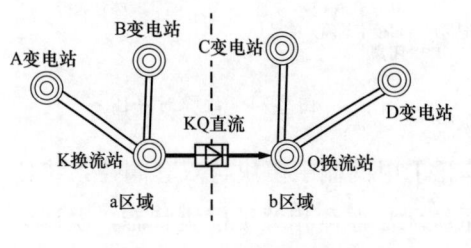

图 2-22 故障前运行方式

## 三、故障过程

### 1. 具体过程

10 日 15：40，Q 换流站 3392 开关 $SF_6$ 压力低分闸闭锁，根据现场规程，需要停运 Q 换流站 750kV 2 号主变压器、330kV QE 二线配合隔离故障开关。

10 日 16：00，调度按 2 号主变压器停运方式控制 KQ 直流功率至 120 万 kW。

10 日 16：11，倒换 Q 换流站 750kV 2 号主变压器所带站用变压器负荷时，Q 换流站双极换流阀冷却系统交流电源失去，双极闭锁。

10 日 17：28，隔离 3392 开关后，Q 换流站 750kV 2 号主变压器、330kV QE 二线恢复运行。

11 日 00：16，恢复站用电系统至正常方式、检查换流阀冷却系统无异常后，KQ 直流恢复双极运行。

故障时序图如图 2-23 所示。

| 10日15：40 | 10日16：00 | 10日16：11 | 10日17：28 | 11日00：16 |
|---|---|---|---|---|
| Q换流站3392开关SF₆压力低分闸闭锁，停运Q换流站750kV 2号主变压器、330kV QE二线 | 控制KQ直流功率至120万kW | Q换流站双极换流阀冷却系统4路交流电源失去，双极闭锁 | 隔离3392开关后，Q换流站750kV 2号主变压器、330kV QE二线恢复运行 | 恢复站用电系统至正常方式，KQ直流恢复双极运行 |

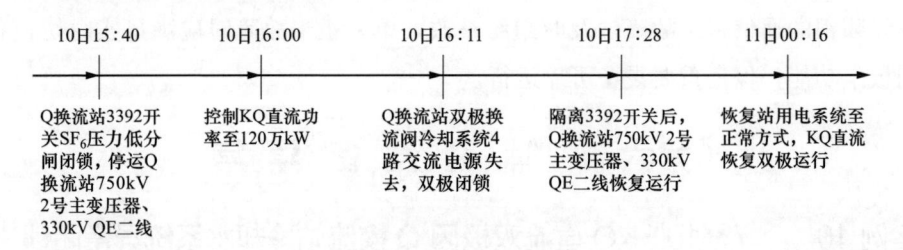

图 2-23 故障时序图

### 2. 故障主要影响

KQ 直流闭锁后，安控装置正确动作，切除甲网机组 102 万 kW（F 电厂 1 号机组 53 万 kW，2 号机组 49 万 kW），a 区域电网（送端）频率最高波动至 50.09Hz，b 区域电网（受端）频率最低波动至 49.90Hz，未对电网造成其他影响。

## 四、故障原因及分析

为配合隔离 Q 换流站 3392 开关，需将 Q 换流站 750kV 2 号主变压器停运，因 750kV 2 号主变压器带有 66kV 2 号站用变压器，停运 750kV 2 号主变压器前站内先进行站用电倒负荷（含内冷水电源）操作，为确保 66kV 2 号站用变压器低压侧开关正确拉开，操作人员按规定退出10kV备用电源自动投入装置。站用电倒负荷（含内冷水电源）倒换至1号站用变压器后，1号站用变压器低压侧101开关跳闸，所带负荷全部失去（此时10kV备用电源自动投入装置已按规定退出），双极阀冷却系统失去交流电源，冷却水流量低保护动作，KQ直流双极闭锁。经查，1号站用变压器低压侧101开关跳闸原因为1号站用变压器高压侧进线开关6651开关机构箱内辅助开关端子锈蚀、对地绝缘降低，发生接地短路，造成66kV 1号站用变压器高压联跳低压侧回路导通，1号站用变压器低压侧101开关跳闸。

### 五、启示

1. 暴露问题

设备运维巡视工作不到位。Q换流站3392开关突发严重异常导致分闸闭锁，6651开关因机构箱端子锈蚀故障，两个开关异常故障叠加导致直流闭锁。反映出设备运维人员对开关巡视重视不够，未能及时发现开关异常。

2. 防范措施

针对本次故障暴露的问题，重点采取以下措施：

加强一次设备巡视力度。重点检查户外端子箱、机构箱受潮、开关本体绝缘水平下降等异常情况，努力做到早发现、早治理，将隐患消除在萌芽状态，避免影响直流设备正常运行。

## 第七节 直流地线故障

### 案例11 "2·13"KQ直流极Ⅰ因地线覆冰下垂闭锁

#### 一、概要

某年2月13日，KQ直流1416号塔小号侧210m处光缆严重覆冰后弧垂下降，造成极Ⅰ线路故障。KQ直流极Ⅰ两次全压再启动和一次降压再启动失败，KQ直流极Ⅰ闭锁，功率全部由极Ⅱ转带，未造成功率损失。

#### 二、故障前运行方式

KQ直流系统双极大地回线方式运行，输送功率167万kW。KQ直流系统图如图2-24所示。

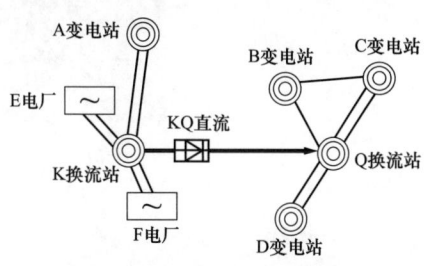

图2-24 KQ直流系统图

### 三、故障经过

1. 具体过程

13日02:48，KQ直流极Ⅰ直流线路故障，全压再启动两次，降压再启动一次，均未成功，KQ直流极Ⅰ闭锁。极Ⅰ闭锁后，全部功率由极Ⅱ转带，未造成功率损失。

13日10:28，KQ直流极Ⅰ恢复运行。

故障时序图如图2-25所示。

```
           02:48                                        10:28
─────────────┼───────────────────────────────────────────┼─────────→
KQ直流极Ⅰ直流线路故障全压再启动两次，降压              极Ⅰ恢复运行
再启动一次，均未成功，KQ直流极Ⅰ闭锁
```

图2-25　故障时序图

2. 故障主要影响

故障造成KQ直流极Ⅰ发生两次全压再启动、一次降压再启动，导致K、Q换流站母线电压出现波动。

### 四、故障原因及分析

站内检查一、二次设备均无异常。现场巡线发现KQ直流极Ⅰ线路1416号塔小号侧210m处光缆覆冰后弧垂下降，判断故障原因为光缆覆冰后下垂导致极Ⅰ线路故障。光缆故障点放电痕迹如图2-26所示。

图2-26　光缆故障点放电痕迹

### 五、启示

1. 暴露问题

恶劣天气下线路巡检工作不到位。在雨雪冰冻等恶劣天气条件下，地线存

在覆冰断裂风险，进而引发线路接地故障，最终导致直流闭锁。线路运维单位未能及时发现线路覆冰情况。

2. 防范措施

针对本次故障暴露的不足，重点采取以下措施：

加大线路覆冰监测力度。针对恶劣天气工况，运维单位应加强线路覆冰预警，同时加强线路的巡检力度，设置观冰员监测冰层厚度变化情况，及时反馈线路覆冰严重程度，以采取直流降压、带电除冰等防范措施。

## 案例 12 "1·25"LR 直流极Ⅱ因地线覆冰下垂闭锁

### 一、概要

某年 1 月 25 日，LR 直流极Ⅱ线路 2501～2502 号塔之间光缆覆冰断裂，造成 LR 直流极Ⅱ闭锁，极Ⅰ转带功率至 368 万 kW，损失功率 82 万 kW。

### 二、故障前运行方式

LR 直流双极双换流器大地回线全压方式运行，输送功率 450 万 kW。故障前运行方式如图 2-27 所示。

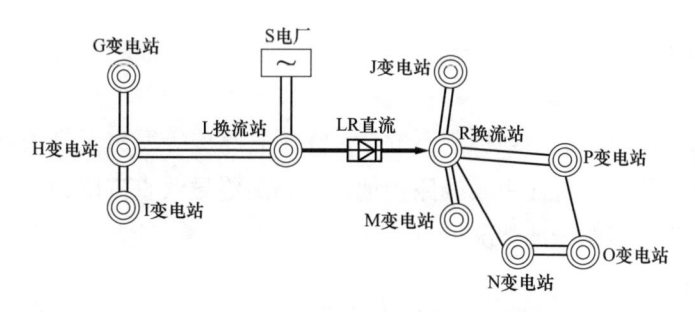

图 2-27 故障前运行方式

### 三、故障经过

1. 具体过程

25 日 15：57，LR 直流极Ⅱ线路电压突变量、行波保护动作，两次原压再启动不成功，高端阀组自动重启不成功，极Ⅱ闭锁。极Ⅰ转带功率至 368 万 kW，损失功率 82 万 kW。

25 日 23：48，为预控风险，LR 直流极Ⅰ转为 640kV 降压方式运行。

27 日 04：39，为配合线路消缺工作，LR 直流极Ⅰ停运。

28 日 23：56，LR 直流恢复双极运行。

故障时序图如图 2-28 所示。

| 25日15:57 | 25日23:48 | 27日04:39 | 28日23:56 |
|---|---|---|---|
| LR直流极Ⅱ直流线路电压突变量保护、行波保护动作，原压再启动2次不成功，高端阀组再启动不成功，极Ⅱ闭锁 | LR直流极Ⅰ转为640kV降压方式运行 | LR直流极Ⅰ正常停运，配合线路检修工作 | 检修工作结束，LR直流恢复双极运行 |

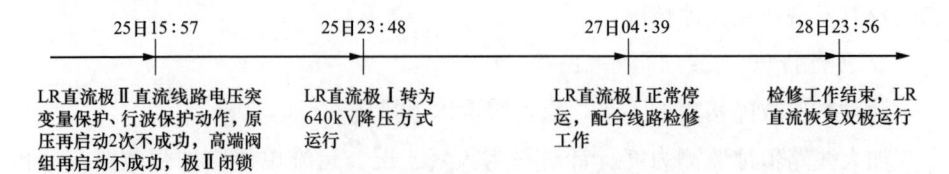

图 2-28 故障时序图

2. 故障主要影响

故障后，LR 直流极Ⅰ转带功率至 368 万 kW，损失功率 82 万 kW，入地电流短时超过 3kA 限值。调度紧急调减 LR 直流功率，控制入地电流在 3kA 范围内。

### 四、故障原因及分析

站内检查一、二次设备均无异常。故障测距显示故障点距离 LR 直流 1307km，距离 R 换流站 1053.41km。根据现场巡线结果，判断故障原因为 LR 直流极Ⅱ线路 2501～2502 号杆之间光缆因覆冰断裂后下垂，导致 LR 直流Ⅱ线路故障。

### 五、启示

1. 暴露问题

线路覆冰隐患排查治理机制不健全。在雨雪冰冻等恶劣天气条件下，地线存在覆冰断裂风险，进而引发线路接地故障，最终导致直流闭锁。线路运维单位未能及时发现线路覆冰情况。

2. 防范措施

针对本次故障暴露的不足，重点采取以下措施：

加大线路覆冰监测力度。针对恶劣天气工况，运维单位应完善线路覆冰隐患排查治理机制，同时加强线路的巡检力度，设置观冰员监测冰层厚度变化情况，及时反馈线路覆冰严重程度，实现特高压直流线路覆冰风险早发现、早汇报、早预防、早处理。

# 第三章 发电机组故障

## 第一节 冷却系统异常

### 案例1 "7·20"某区域电网A电厂多台机组因冷却水系统异常故障跳闸

#### 一、概要

某年7月20日,受周边海域水母爆发影响,某区域电网A电厂一期冷却水取水口拦截网失效,造成冷却水取水口滤网发生堵塞,A电厂一期4台机组相继停运。

#### 二、故障前运行方式

故障发生于当日夜间负荷低谷时段,某区域电网全网负荷5400万kW,A电厂6台机组接近满功率运行,单机有功功率约107万kW。

A电厂主接线图如图3-1所示。

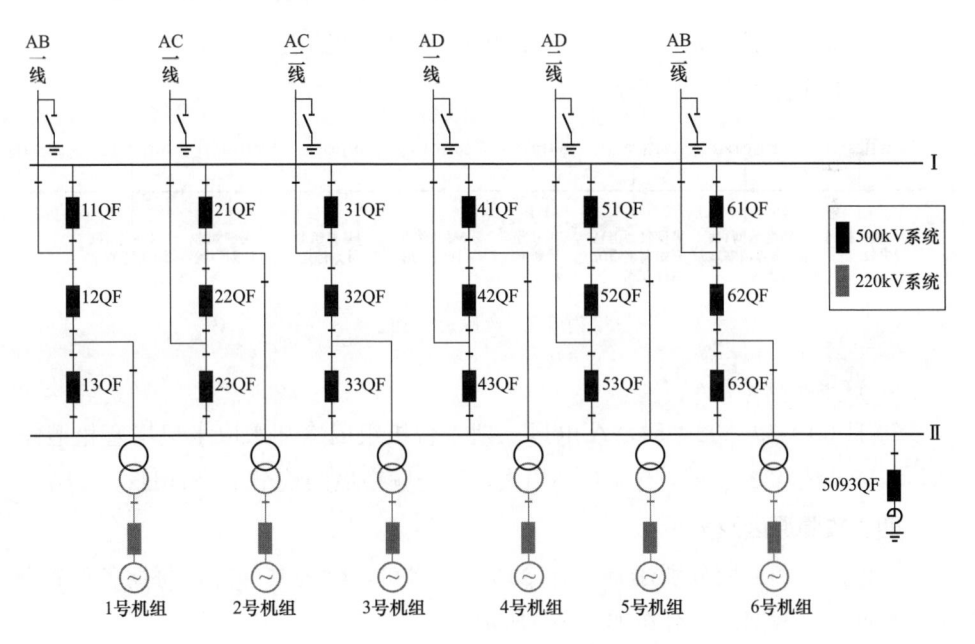

图3-1 A电厂主接线图

### 三、故障过程

1. 具体经过

（1）第一阶段，冷却水取水口拦截网失效。

19日23：32，A电厂一期冷却水取水口拦截网2失效。20日00：16，冷却水取水口拦截网1失效，大量水母涌入A电厂一期冷却水取水泵站前池，阻塞取水口滤网。

（2）第二阶段，A电厂一期4台机组因取水口滤网压差大相继故障停机。

20日00：21，A电厂汇报一期4台机组需紧急降功率运行，且存在停机风险，相关调度收到消息后紧急采取调整火电、水电机组功率等手段抬高系统频率，为故障停机提前做好准备。00：39，2号机组非计划停运；00：41，3号机组非计划停运；00：47，4号机组非计划停运；00：54，1号机组非计划停运。

（3）第三阶段，故障处置阶段。

故障发生后，根据次日晚高峰电力平衡结果，相关调度及时安排315万kW火电机组启机，抬高抽水蓄能电站上库水位，高峰时段组织省间互济支援，确保区内电力可靠供应。A电厂紧急开展故障抢修工作，清理修复受损设施，排查相关隐患，截至26日11：02，A电厂1~4号机组陆续恢复并网。

故障时序图如图3-2所示。

图3-2 故障时序图

2. 故障主要影响

20日00：39~00：54，A电厂一期4台机组因冷却水取水口堵塞相继停运，故障造成430万kW有功功率损失，系统频率最低跌至49.876Hz。

### 四、故障原因及分析

A电厂一、二期分别建有一处冷却水取水口，除公共网外，每期各设置4级拦截网，拦截网设施分布如图3-3所示。

7月为A电厂周边海域水母爆发季。19日23：32、20日00：16，受周边海域水母爆发、外海打捞资源配置不足等因素影响，A电厂一期拦截网2主绳和拦截网1主绳陆续因主钢丝绳松弛而失效，大量水母越过拦截网进入泵站前池，导致 A 电厂 1～4 号机组循环水过滤系统旋转滤网压差持续升高，A 电厂运行人员按照有关规程进行 1～4 号机组降功率操作。20 日 00：39、00：41、00：54，A 电厂 2 号机组、3 号机组、1 号机组相继非计划停运。20 日 00：47，A 电厂 4 号机组因两台循环水泵跳闸引发凝汽器故障导致非计划停运。

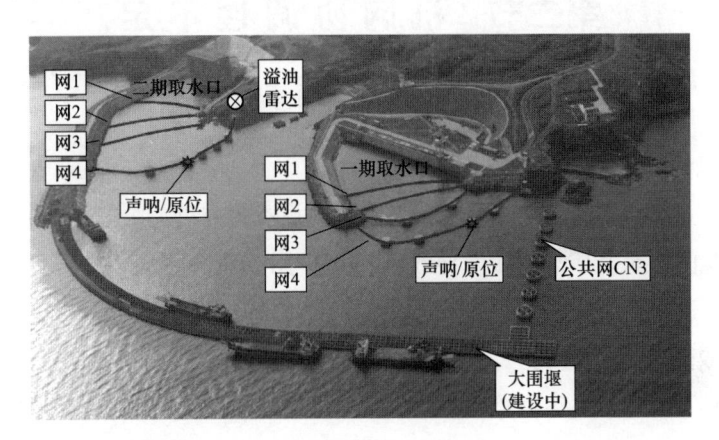

图 3-3　A 电厂冷却水取水口拦截网设施示意图

### 五、启示

1. 暴露问题

（1）冷却水系统存在隐患。建厂以来，A 电厂因海洋生物入侵冷源系统，造成机组故障共 6 次，前 5 次均承诺采取措施整改，但未完全消除隐患，导致同类故障反复发生。

（2）机组停运策略设置不当。冷源故障导致滤网压差异常时，6 台机组停运策略各自独立，未统筹设置级差停运策略，存在多台机组同时停机的风险。

（3）异常情况汇报不及时。7 月 19 日 23：32，A 电厂运维人员已发现拦截网失效，而直至 20 日 00：21 调度才接到相关情况汇报，且 18min 后便发生停机故障。故障过程中，留给各级调度应急处置时间严重不足。

2. 防范措施

针对本次故障暴露的问题，重点采取以下措施：

（1）做好冷源系统隐患治理。督导使用海水冷却的电厂进一步做好海生物堵塞冷却水防范和隐患治理，强化监测预警体系，提高海洋生物拦截和清理能力，杜绝类似故障发生。

（2）协同优化核电与电网安全关键参数。综合考虑核安全和大电网安全，优化机组控制体系和联动逻辑，研究冷源异常时采取机组不同速率降功率、错时停机等措施的可行性。

（3）提升应急处置能力。进一步完善专项故障处置预案，定期开展联合演练和专业培训，提高现场运行人员业务水平，加强信息报送的时效性。

## 第二节 机网协调性不足

### 案例 2 "8·28" A 电厂 2 号机组故障停机

**一、概要**

某年 8 月 28 日 18：36，A 电厂 2 号机组并网初带负荷阶段，500kV AB 一线 A 相故障跳闸，重合成功。故障导致 A 电厂厂用电系统 A 相电压降低，引起 2 号机组等离子燃烧器断弧，锅炉燃烧恶化，锅炉 MFT，A 电厂 2 号机组跳闸。

**二、故障前运行方式**

500kV AB 一线、AB 二线正常运行，A 电厂 1 号机组正常运行负荷 38 万 kW；A 电厂 2 号机组消缺后启动，并网初带负荷 8.6 万 kW。A 电厂近区接线方式如图 3-4 所示，站内电气运行方式如图 3-5 所示。

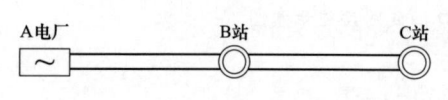

图 3-4 A 电厂电网运行方式图

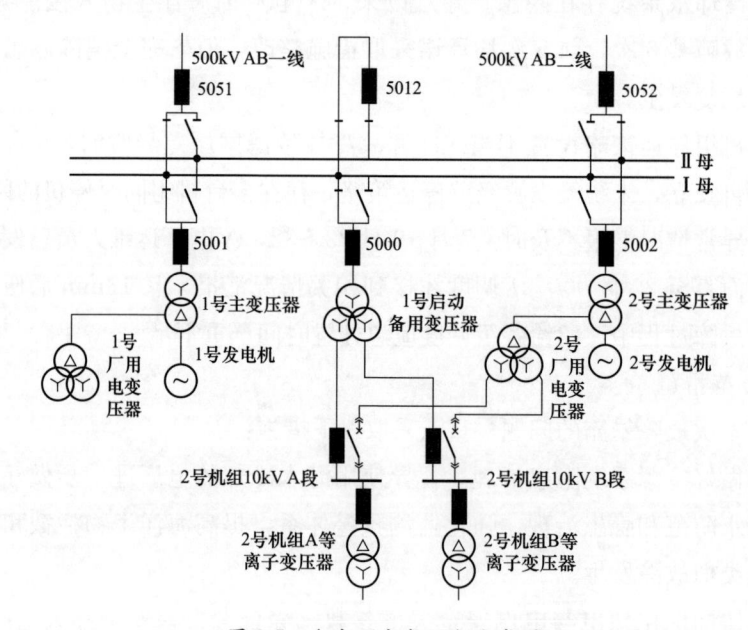

图 3-5 A 电厂电气运行方式图

### 三、故障过程

1. 具体经过

28日18:26，A电厂2号机组并网成功，并开始逐步上涨机组功率。

28日18:36，500kV AB一线A相接地故障，重合成功。

28日18:37，500kV AB一线故障导致A电厂厂用电电压波动，引起A电厂2号机组等离子燃烧器运行不稳定，燃烧断弧，进一步造成锅炉燃烧恶化，锅炉MFT，A电厂2号机组跳闸。

故障时序图如图3-6所示。

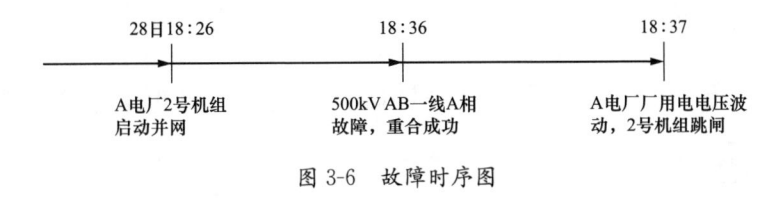

```
    28日18:26              18:36                  18:37
─────┼──────────────────────┼──────────────────────┼─────►

A电厂2号机组          500kV AB一线A相         A电厂厂用电电压波
启动并网              故障，重合成功          动，2号机组跳闸
```

图 3-6　故障时序图

2. 故障主要影响

本次故障造成A电厂2号机组跳闸，损失功率8.6万kW。故障时，某电网平衡裕度充裕，机组跳闸未影响某电电网电力平衡。

### 四、故障原因及分析

经查，A电厂2号机组跳闸的本质原因为辅机系统（等离子燃烧器）抗扰动能力不足。故障发生时，A电厂厂用电由500kV 1号启动备用变压器带，启动备用变压器高压侧接于电厂500kV母线，低压侧为厂用设备供电。当A电厂500kV送出线路AB一线A相故障跳闸后，导致启动备用变压器500kV侧电压波动，进而导致启动备用变压器低压侧电压大幅下降（由400V下降至230V），机组辅机系统抗扰动能力不足，所带等离子点火装置因短时电压下降发生断弧，导致锅炉燃烧瞬时恶化，锅炉MFT，2号机组跳闸。

### 五、启示

1. 暴露问题

（1）等离子点火装置退出逻辑不合理。等离子点火主要用于机组启动初期阶段，提升锅炉燃烧的稳定性。本次事件中，A电厂2号机组已并网10min，锅炉已处于稳定燃烧阶段，等离子点火装置应退出运行。

（2）网源协调管理不到位。本次机组跳闸暴露机组辅机系统存在抗扰动能力不足的问题，不能抵御电厂母线电压波动，机组的网源协调管理水平有待提升。

2. 防范措施

针对本次故障暴露的问题，重点采取以下措施：

（1）优化等离子点火退出逻辑。退出逻辑由原来机组并网负荷大于 18 万 kW 后退出，改为锅炉进煤量大于 80t/h 时有序退出。通常机组并网前进煤量即可达 80t/h，因此机组并网前即可有序退出等离子点火装置。逻辑优化后，避免了机组并网初期因电压波动造成等离子点火装置断弧，机组瞬时燃烧恶化跳闸的情况。

（2）进一步加强网源协调管理。重点做好特高压直流送、受端近区关键机组的涉网性能管理，确保电网故障扰动期间机组安全稳定运行，杜绝因辅机异常引发机组异常脱网。

## 案例 3 "5·30" H 电厂 1、2 号机组，I 电厂 1 号机组故障停机

### 一、概要

某年 5 月 30 日 12：55，KQ 直流双极闭锁，损失功率 267 万 kW。安控装置正确动作，切除直流送端 500kV A、B、C、D、E 汇集站下接风电共 327 万 kW。受 KQ 直流闭锁产生的功率扰动影响，H 电厂 1、2 号机组，I 电厂 1 号机组发生跳闸，损失功率 75 万 kW。

### 二、故障前运行方式

H 电厂 1、2 号机组，I 电厂 1、2 号机组均在运行状态，4 台机组功率均为 25 万 kW，KQ 直流送端近区风电总功率 403 万 kW，KQ 直流功率 267 万 kW。H、I 电厂近区接线方式如图 3-7 所示。

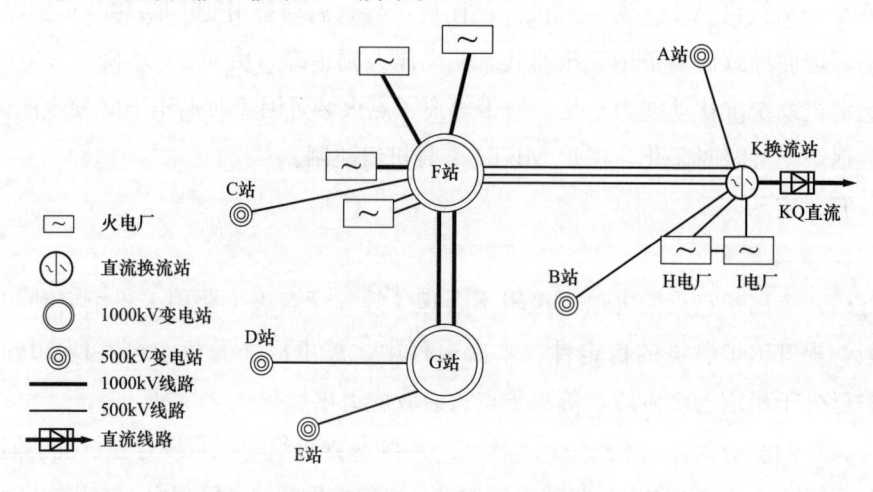

图 3-7 H、I 电厂近区接线图

## 三、故障过程

1. 具体经过

30日12：55：30，KQ直流双极闭锁，损失功率267万kW，直流闭锁后安控装置动作，切除直流送端A、B、C、D、E 5座500kV新能源汇集站下接风电共327万kW。

30日12：55：39，H电厂1、2号机组跳闸，损失功率均为25万kW。

30日12：55：46，I电厂1号机组跳闸，损失功率25万kW。

故障时序图如图3-8所示。

图3-8 故障时序图

2. 故障主要影响

KQ直流闭锁前功率267万kW，安控装置切除风电327万kW后，甲网瞬时损失功率60万kW；H、I电厂共跳闸3台机组，甲网瞬时损失功率75万kW。本次故障造成甲网损失功率共135万kW，甲网所在a区域电网频率由50.03Hz跌落至49.96Hz，b区域电网送a区域电网的特高压交流联络线功率由30万kW最大波动至209万kW。因故障时刻甲网的旋备充足，未对甲网平衡产生影响。

## 四、故障原因及分析

经查，H电厂1、2号机组、I电厂1号机组跳闸原因均为KQ直流双极闭锁导致电网功率波动，机组机械功率与实测电负荷功率短时不匹配。因机组涉网保护参数设置不合理，不满足GB/T 40586—2021《并网电源涉网保护技术要求》的相关规定，未能实现瞬时甩负荷保护在电磁功率扰动情况下可靠穿越，触发瞬时甩负荷保护动作，高中压调门关闭，锅炉MFT，机组跳闸。

## 五、启示

1. 暴露问题

（1）机组抗电网扰动能力不足。本次故障中，机组未能在电网扰动下保持稳定运行并提供必要支撑，最终无序脱网造成故障扩大，需要进一步提高机组抗电网扰动能力。

（2）机组瞬时甩负荷保护参数设置不合理。当电力系统故障引发电磁功率扰动时，均触发了H、I电厂瞬时甩负荷保护动作，瞬时甩负荷保护未能在电网功率扰动下可靠穿越。

（3）网源协调工作需进一步加强。机组涉网保护参数设置不合理，未能在机组启动并网前及时发现，导致电网功率扰动时机组脱网。

2. 防范措施

针对本次故障暴露的问题，重点采取以下措施：

（1）H、I电厂优化完善机组瞬时甩负荷保护逻辑。原保护逻辑为当汽轮机转速大于3018r/min、负荷指令与实际电负荷偏差大于10.4万kW立即动作。现在该保护动作逻辑中增加90ms延时（本次跳闸机组转速大于3018r/min的最长持续时间为42ms），实现机组瞬时甩负荷保护在电磁功率扰动下的可靠穿越。同时增加当汽轮机转速大于3090r/min时保护立即动作逻辑，确保汽轮机安全。

（2）进一步加强机组调试前涉网参数管理。在常规机组启动调试前，加强机组涉网性能及涉网控制保护配置管理，提高机组抗电网扰动能力，避免电网故障时机组无故障跳闸，扩大故障范围。

## 第三节 燃 烧 系 统 异 常

### 案例4 "11·5"某区域电网A电厂2号机组因给煤机故障跳闸

一、概要

某年11月5日06：38，某区域电网A电厂2号机组因给煤机故障跳闸，损失功率20万kW。10：58，机组消缺结束，恢复运行。

二、故障前运行方式

A电厂通过单回750kV输电线路接入750kV E站，故障前A电厂两台机组（单机容量66万kW）处于深调状态，单机功率均为20万kW，故障前接线方式如图3-9所示。

三、故障过程

5日06：38，某区域电网A电厂2号机组因给煤机故障跳闸，损失功率20万kW。故障后，区域电网交流系统运行正常，电网频率、电压稳定，主网保持稳定运行。现场依照相关规程进行故障处置，5日10：58，现场消缺结束，机组恢复运行。

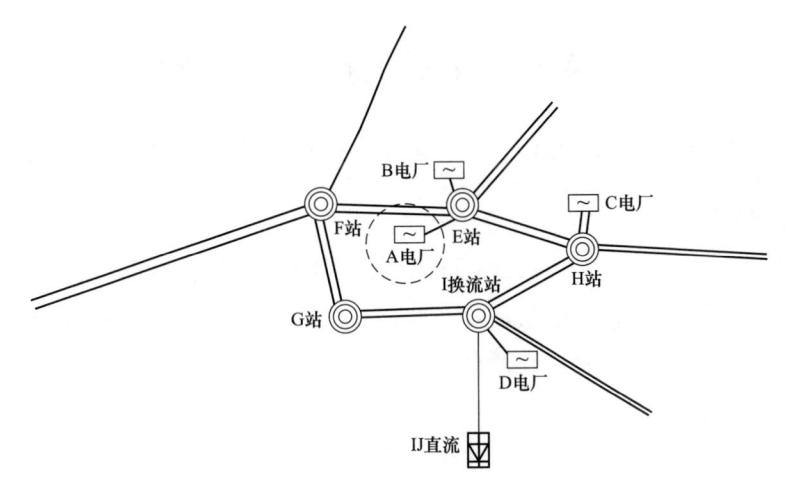

图 3-9　A 电厂近区电网接线

### 四、故障原因及分析

经查，故障前 A 电厂 2 号机组共 3 套制粉系统（包括煤仓、磨煤机、给煤机等设备）工作，2A 制粉系统的给煤机故障导致该套制粉系统断煤。在启动备用的 2D 制粉系统过程中，2D 磨煤机入口一次风调门卡涩，一次风压力下降幅度较大，导致一次风母管压力低，同时因煤质配比不合理，造成炉膛燃烧不稳定，导致"全炉膛火焰丧失"保护动作跳闸。

### 五、启示

1. 暴露问题

（1）电厂设备运维管理不到位。给煤机故障导致一套制粉系统退出运行，启动备用的制粉系统过程中，磨煤机一次风调门卡涩又引起压力变化，导致锅炉燃烧不稳，机组最终跳闸，暴露出现场的日常巡检力度不够。

（2）现场电煤管理不到位。除设备问题外，煤质问题也是导致机组故障的原因之一，火电机组深调时负荷低，煤质配比不合理易造成锅炉燃烧不稳定，引起机组跳闸。

2. 防范措施

针对本次故障暴露的问题，重点采取以下措施：

（1）要求电厂做好设备运维工作。应督导电厂加强日常巡检力度，及时发现并处理相关设备缺陷，确保设备健康运行，出现异常故障及时汇报。

（2）督导电厂做好电煤调配。低负荷尤其是深调工况下，煤质配比不合理易对锅炉燃烧影响较大，应督导电厂做好电煤调配，应对各种工况。

## 第四节　汽水系统异常

### 案例5　"4·8"a区域电网H电厂1号机组因给水泵故障停机

**一、概要**

某年4月8日21：48，H电厂1号机组因给水泵故障跳闸，损失功率33万kW，故障时H电厂2号机组在停备状态，1号机组跳闸后造成H电厂全停，未对a区域电网运行造成其他影响。

**二、故障前运行方式**

故障前，H电厂单机运行，作为K换流站配套电源，通过1000kV BC双回线向a区域电网输送电力，通过KQ直流向b区域电网输送电力。H电厂近区接线方式如图3-10所示。

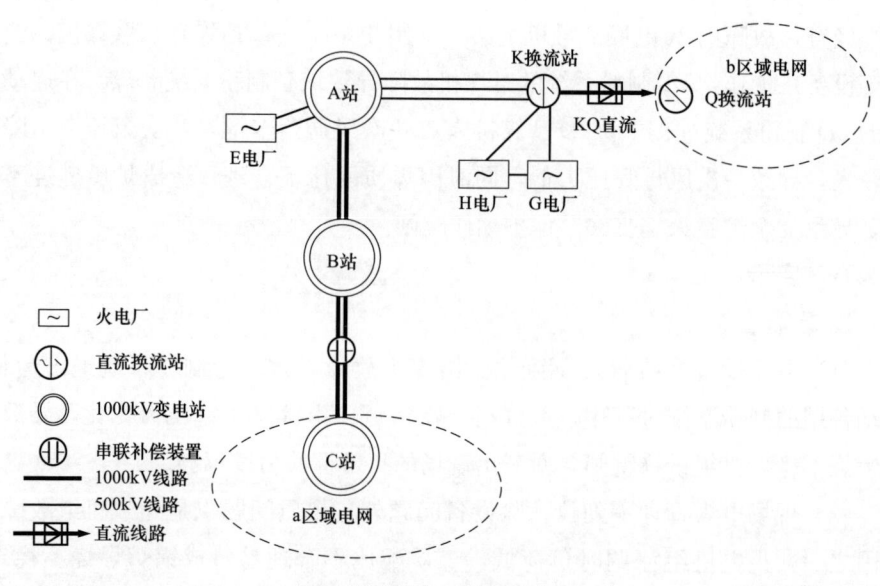

图3-10　H电厂近区网架图

**三、故障过程**

1. 具体经过

8日19：22，H电厂1号机组汽动给水泵入口滤网堵塞，发滤网压差高报警。

8日19：48，调度依据电厂当值人员申请，结合以往火电机组缺陷处理经验，许可H电厂1号机组退AGC，出力由63万kW降至33万kW处理滤网堵塞缺陷。

8日21：49，H电厂1号机组跳闸，损失功率33万kW。

9日00：00，H电厂1号机组转检修消缺。

故障时序图如图3-11所示。

```
8日19:22          19:48            21:49          9日00:00
    │               │                │               │
    ▼               ▼                ▼               ▼
1号机组汽泵入口   1号机组降出力处理汽   1号机组汽动      1号机组转检修
滤网压差高报警   动给水泵入口滤网堵   给水泵流量低，   消缺
                塞缺陷              保护动作跳闸
```

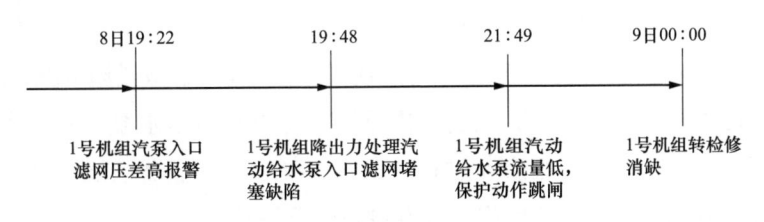

图3-11 故障时序图

2. 故障主要影响

机组跳闸后导致H电厂全停，a区域电网损失功率33万kW，KQ直流功率未受影响，b区域电网未出现功率损失。故障时，a区域电网平衡裕度充足，未影响电网安全。

### 四、故障原因及分析

（1）汽动给水泵前置泵入口滤网破损是本次事件的直接原因。H电厂1号机组跳闸原因为汽动给水泵前置泵入口滤网破损，破碎后的碎屑及前置泵入口滤网积存的杂质堵塞汽动给水泵入口滤网，造成汽动给水泵流量低保护动作，锅炉MFT，联切发电机。

（2）现场未能及时处理汽动给水泵滤网堵塞是本次事件的间接原因。H电厂1号机组配置了1台汽动给水泵、1台电动给水泵。H电厂1号机组跳闸前2h，现场已发现汽动给水泵滤网堵塞。该情况下，若将1号机组汽动给水泵切换至电动给水泵，并及时有效处理汽动给水泵滤网堵塞问题，则可避免滤网堵塞进一步加重导致机组跳闸。

### 五、启示

1. 暴露问题

（1）现场安全意识不足。本次机组故障跳闸前期，H电厂就发现该厂给水泵水中杂质较多问题，该厂未能重视并及时解决该问题，最终造成滤网堵塞。

（2）现场巡视及运行维护能力不足。本次事件暴露出电厂运维人员对机组巡检及运维工作存在不足，未能及时发现给水泵前置泵入口滤网破损并及时解决。

（3）电厂运行人员异常处置能力不足。机组跳闸前2h发现给水泵滤网堵塞后，未能及时采取措施解决堵塞问题，保障机组安全运行，最终导致机组跳闸。

2. 防范措施

针对本次故障暴露的问题，重点采取以下措施：

（1）强化安全生产意识。运行中发现给水泵水质差时，要及时采取措施解决，不能因为当前不影响机组运行就不及时解决，导致问题进一步加重。

（2）强化运维人员培训和管理。发电厂需提升运行人员业务水平和责任意识，机组设备出现问题时，运行人员应及时发现，并及时正确采取措施消除缺陷。

（3）加强机组设备维护。发电厂应重视机组停机后给水泵、除氧器、凝汽器内部清理工作，优化机组启动过程中给水、凝水、除氧器系统冲洗流程，加强给水泵滤网压差变化趋势监视，提升设备的可靠性。

## 第五节　电 气 系 统 异 常

### 案例6　"7·23"某区域电网A电厂4号机组励磁系统故障跳闸

**一、概要**

某年7月23日18：32，某区域电网A电厂4号机组跳闸，故障原因为励磁系统故障，保护动作联跳汽轮机，锅炉灭火，损失功率100万kW。7月24日01：18，消缺结束，机组恢复并网。

**二、故障前运行方式**

A电厂通过单回750kV输电线路接入750kV D站。故障前A电厂3、4号机组处于满负荷状态，单机功率均为100万kW，故障前接线方式如图3-12所示。

**三、故障过程**

23日18：32，A电厂4号机组跳闸，故障原因为励磁系统故障，保护动作联跳汽轮机、锅炉灭火。

故障后，该区域电网交流系统运行正常，电网频率、电压稳定，主网保持稳定运行。

24日01：18，A电厂4号机组消缺完毕，机组并网成功。

**四、故障原因及分析**

励磁系统直流输出至发电机转子回路出现短路故障，故障点出现在发电机转子滑环

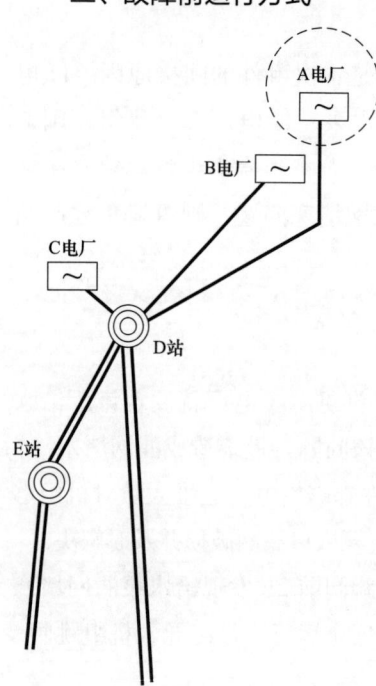

图3-12　A电厂近区电网接线

前。现场检查发现励磁回路故障原因为正、负母线排之间搭接焊条。

五、启示

1. 暴露问题

现场安全生产环境管控不到位。异物搭接导致励磁系统出现短路故障，暴露出电厂对重要设备的安全生产环境管控不到位。

2. 防范措施

针对本次故障暴露的问题，重点采取以下措施：

督导电厂加强安全生产环境管控。加强运维巡视力度，现场发现影响安全生产的情况及时处理，确保设备安全稳定运行，出现故障异常及时消缺。

# 第四章　自然灾害引发的电网故障

## 案例1　"6·28"甲电网多设备因雷暴大风跳闸

### 一、概要

某年6月28日，甲电网A换流站近区由于大风恶劣天气，导致近区5条500kV交流线路、1条500kV直流线路相继跳闸，带跳2台66万kW机组，损失功率80万kW，故障期间电网运行平稳，未造成负荷损失。

### 二、故障前运行方式

故障前电网运行方式如图4-1所示。A换流站近区12回500kV交流线路正常运行中，AB直流四换流器运行，输送功率690万kW；CD直流双极运行，输送功率95万kW；E电厂2台机组运行，功率80万kW。

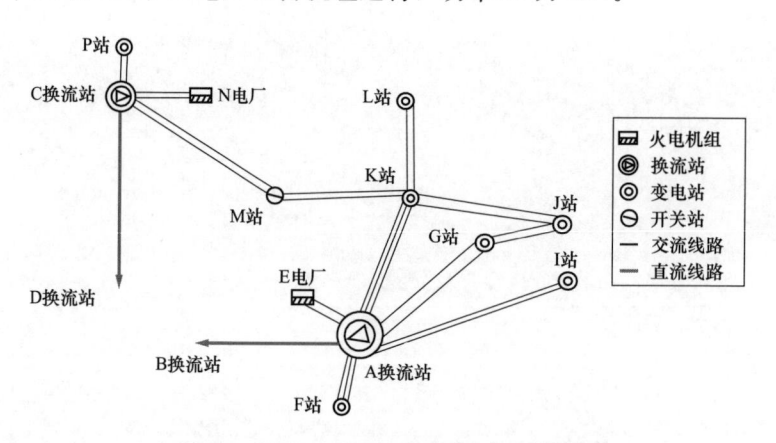

图4-1　A换流站近区500kV系统接线图

故障前，A换流站近区出现雷阵雨天气，最大小时雨强为35.3mm/h；同时伴有雷暴大风，风向为西北风，风力达10级以上。

### 三、故障过程

1. 具体经过

28日18:47，500kV AE一、二线相继B相故障跳闸，均重合不成功，故障导致E电厂全停，损失功率80万kW。

28日18:48，CD直流极Ⅱ线路故障，两次全压、一次降压再启动不成功，极Ⅱ闭锁，损失功率全部由极Ⅰ转带，输送功率未受影响。

28日18:50，因500kV AE一、二线及E电厂全停，国调下令AB直流输送功率由 690 万 kW 降至 650 万 kW。

28 日 19：09，500kV AF 一、二线相继 C 相故障跳闸，重合不成功。

28 日 19：11，500kV AF 三线 C 相故障跳闸，重合不成功。

28 日 19：15，因 500kV AF 一、二、三线跳闸，国调下令 AB 直流输送功率由 650 万 kW 降至 450 万 kW。

故障发生后，网调立即组织现场人员检查线路两侧一、二次设备运行状态，令 E 电厂做好保厂用电工作。

28 日 20：38，500kV AE 一、二线试送成功。

28 日 22：09，500kV AF 一、二、三线试送成功。

29 日 00：11，CD 直流极 II 恢复运行。

故障时序图如图 4-2 所示。

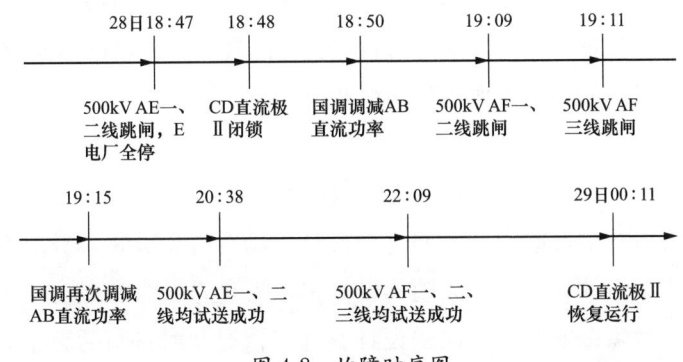

图 4-2 故障时序图

2. 故障主要影响

(1) 500kV AE 一、二线故障导致 E 电厂全停，损失功率 80 万 kW，系统频率由 50.00Hz 降至 49.93Hz。

(2) 500kV AF 一、二、三线故障同停后，需紧急控制 AB 直流功率不超 450 万 kW（日前计划 690 万 kW）、AG 断面不超 220 万 kW。

四、故障原因及分析

500kV AE 一、二线，AF 一、二、三线，CD 直流极 II 故障点地理位置均在 H 县，且属同一风带，如图 4-3 所示。故障时区域内出现过瞬时强风，最大风速达 43.25m/s，风向与放电通道情况吻合，判定本次故障原因为局部瞬时强风造成导线及绝缘子串向塔身侧风偏倾斜，使导线与塔身最小空气间隙不能满足运行要求，引起空气击穿，造成线路跳闸。

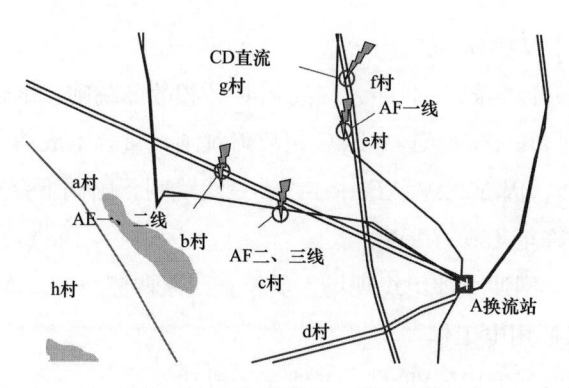

图 4-3　故障点地理位置示意图

### 五、启示

1. 暴露问题

设备抵御灾害能力不足。本次故障主要由地区局部极端天气引起，同时也暴露了一次设备设计未充分考虑恶劣自然灾害的破坏力、设计标准偏低等问题，尤其此次恶劣天气发生在重要密集输电通道内。

2. 防范措施

针对本次故障暴露的不足，重点采取以下措施：

（1）提升设备抗灾能力。电网规划设计应结合气象分析，针对自然灾害易发地区，对设备风偏、污闪、冰闪等设计采取安全系数较高的方案。同时，设备部门应针对故障多发线路区段的设计、施工情况及时进行后评估，必要时开展差异化改造。

（2）加强应急处置能力。滚动更新专项预案并定期组织演练，重点提升调度运行人员面对大面积设备故障停电时的应急处置能力，进一步加强监控人员故障信息汇报时效性，最大限度缩短在恶劣天气下的故障处置时间，保障电网结构完整。

（3）强化态势感知能力。极端天气下设备故障频次高、影响范围大、易发生连锁反应，调度部门应加强与气象单位联动，精准研判故障影响范围，提前做好预警预控。

## 案例 2　"7·20"某电网 500kV B 站因暴雨全停

### 一、概要

某年 7 月 20 日 16:19，某电网 500kV B 站因特大暴雨导致部分围墙倒塌，站内淹水逼近线路 TV 端子箱，B 站 500kV 系统一、二次设备被迫紧急停运。

设备停运后，TZ直流、QY直流、YZ-YB断面、AB断面限额下降，调度及时调整电网运行方式，增加网内机组出力，保证电网安全运行和电力可靠供应。此外，500kV B站为通信传输网骨干节点，站内有关二次设备停运严重影响通信网络正常运行，调度及时调整通信网络运行方式，避免通信网络中断。

## 二、故障前运行方式

1. 故障前B站运行方式

如图4-4所示，故障前，为控制短路电流，B站5021、5023开关处于冷备用状态，500kV AB Ⅰ线、BC Ⅱ线在B站内出串运行（即ABC线），B站其余设备均正常运行。

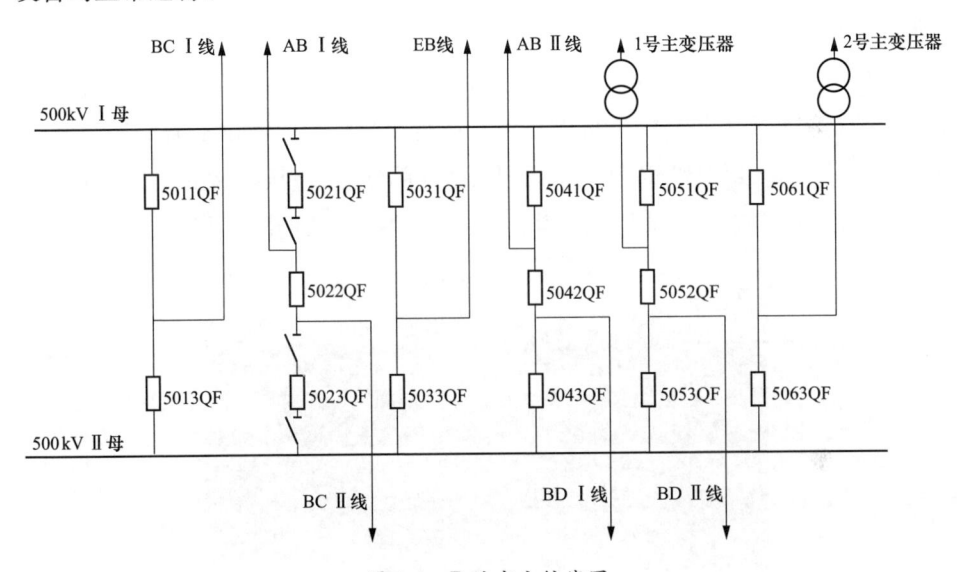

图4-4 B站内主接线图

2. 故障前B站近区运行方式（如图4-5所示）

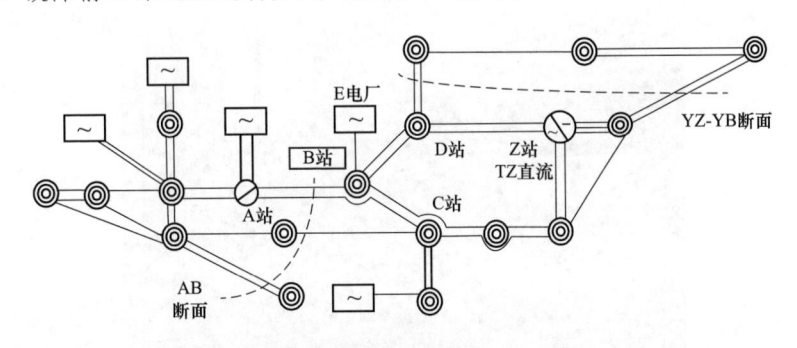

图4-5 故障前B站近区运行方式

### 三、故障过程

1. 具体经过

（1）故障情况。

7月19日起，B站所在地区持续降雨，至20日14：00，累计降水量262mm（地区年均降水量608mm，历史最大日降水量74.5mm），站内水泵持续全出力排水。20日14：30，暴雨进一步加剧，B站区出现积水。

20日15：30，B站500kV设备区东侧围墙由于站外积水超出围墙所承受水位限值倒塌，站外雨水倒灌，站区积水水位迅速攀升，西侧积水60cm，东侧积水70cm（B站地势西高东低），积水已达部分TV端子箱下沿，随时有淹没端子排引发设备误动的风险，且暴雨持续，水位仍在上涨，严重威胁人身、电网、设备安全，站内值班人员申请将B站500kV线路全停。同时，B站是通信传输网骨干节点，水位上涨严重威胁站内通信设备正常运行，受影响通信设备需要尽快停运。20日16：19，500kV B站因特大暴雨导致站外部分围墙倒塌，站内淹水逼近线路TV端子箱，站内全部500kV设备紧急停运。积水情况如图4-6和图4-7所示。

图4-6 B站内积水全貌

图4-7 B站东围墙倒塌后，积水涌漫至端子箱

20日16:36～19:06，调度下令依次停运500kV BCⅠ线，ABC线，BDⅠ、Ⅱ线，EB线，B站1、2号主变压器、B站Ⅱ母、B站Ⅰ母、ABⅡ线，B站500kV设备全停，TZ直流，以及某网内YZ-YB断面、AB断面限额严重下降，调度紧急调减TZ直流340万kW，并组织跨省跨区支援，确保断面潮流在限额以内。

（2）恢复过程。

淹水消退，停运设备经绝缘测试合格后，依次恢复。

21日17:56～21:10，ABⅡ线、BDⅠ线、BCⅠ线、B站500kV 1、2号母线转运行。

22日04:41，500kV ABC线转运行。

22日16:38～19:53，B站500kV 1、2号变压器、BDⅡ线、EB线转运行。

故障时序图如图4-8所示。

| 20日14:00 | 20日15:30 | 20日16:36~19:06 | 21日17:56~21:10 | 22日04:41 | 22日16:38~19:53 |
|---|---|---|---|---|---|
| B站所在地区累计降水量突破极值达262mm，并持续增大 | 东侧围墙倒塌，站内淹水，水位达TV端子箱，需停运全部500kV设备 | B站7线2变压器2母线停运，500kV设备全停 | ABⅡ线、BDⅠ线、BCⅠ线、B站500kV 1、2号母线转运行 | ABC线转运行 | B站1、2号变压器、BDⅡ线、EB线转运行 |

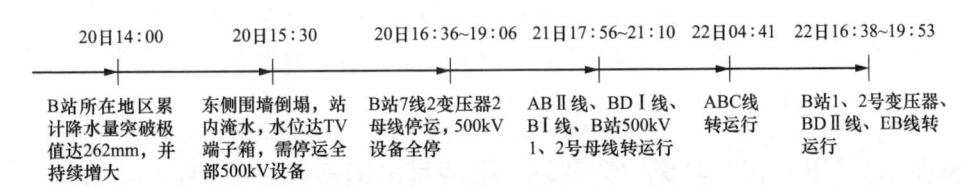

图4-8 故障时序图

2. 故障主要影响

某网B站500kV系统一、二次设备全停，中部地区电网结构大幅削弱，受电能力明显下降。TZ直流限额下降至200万kW，YZ-YB断面南送限额下降至150万kW，AB断面东送限额下降至80万kW。调度人员迅速调减TZ直流最大340万kW，并组织跨省支援该网共60万kW，将YZ-YB、YX外送等断面潮流控制至限额以内。B站内通信设备停运后，34条相关线路的58条通道受到影响，调度及时调整通信网络运行方式，避免了因通信网络中断导致线路保护失效的情况发生。

四、故障原因及分析

某网某地区发生特大暴雨，导致500kV B站部分围墙被洪水冲塌，站内淹水逼近线路TV端子箱，站内500kV设备被迫全部停运。

五、启示

1. 暴露问题

（1）变电站抵御洪涝灾害能力不足，部分早期投运变电站受周边地势不断抬高、站外排水渠道阻塞等不利因素影响，防灾防涝能力不足。

（2）变电站极端天气下的防灾标准不高，应急设备不足。变电站防灾标准亟须重新评估，并配置相应的应急设备，保障电网设备在极端天气下的正常运行。

2. 防范措施

针对本次故障暴露的不足，重点采取以下措施：

（1）设备运维单位应结合变电站周边防洪规划、城区建设规划、地形地貌变化等情况，持续对变电站防汛能力进行评估，对不满足要求的及时进行改造。

（2）新建变电站应提高防汛标准，确保站内排水设施有效接入周边市政设施，并核实市政设施设计标准是否满足需求，周边无市政设施时应设置可靠的站外排水设施。

（3）故障调度处置预案应进一步完善优化，重点完善电网枢纽500kV变电站全停处置预案。同时应加强调度技术支持系统建设，提升对电网特殊运行方式的计算分析能力，满足应急处置需求。

## 案例3 "8·10"台风"利奇马"造成某电网多条线路停运

一、概要

某年超强台风级9号台风"利奇马"于8月10日01：45在甲省A市登陆，登陆强度强，风雨强度大，持续时间长，影响范围广，累计造成10kV以上线路跳闸3731条次（500kV线路跳闸20条次），负荷损失184.05万kW。其中，甲省B市电网多条对外联络线跳闸，存在孤网失稳风险，电网安全稳定运行面临极大考验。

二、故障前运行方式

本次台风登陆前后正值周末，全网用电负荷明显下降，登陆时刻（10日01：45）某区域电网负荷19870万kW，较前日同一时刻下降2000万kW，电网调峰面临较大压力。台风登陆期间，甲省四回特高压直流较台风来临前的跨区直流输送功率调减约820万kW，有效缓解台风登陆期间某区域电网的调峰困难；在9～12日期间，增加安排全网调停机组约2000万kW，抽蓄机组按低谷最大抽水方式运行。台风登陆路径图如图4-9所示。

## 第四章 自然灾害引发的电网故障

B市电网受台风影响严重，B市电网由500kV E、F、G三站和H电厂组成，通过六回500kV线路（EI一线、EI二线、EJ一线、EJ二线、GJ一线、GJ二线）与主网联系，某电网已要求尽量按零控制六条联络线潮流。

### 三、故障过程

1. 具体经过

台风"利奇马"登陆前后（8月9日23:56至10日06:04），某电网500kV线路跳闸20条次（重合不成6条次），线路紧急拉停1条次，主变压器跳闸2台次。其中，甲省B市电网因多条线路停运，存在小系统失稳风险，具体如下：

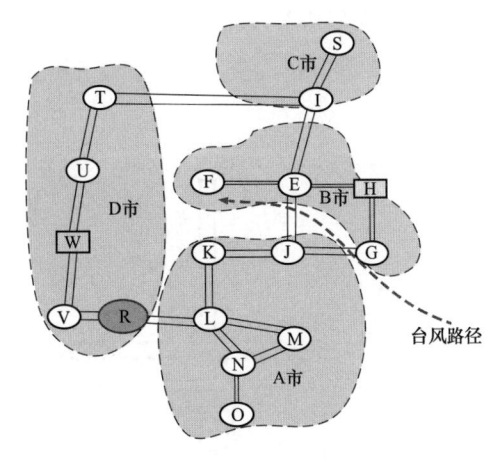

图4-9 台风登陆路径图

10日00:09~00:11，B市电网500kV对外联络线EJ二线累计跳闸三次，最后一次重合不成功。

10日00:12，B市电网500kV对外联络线EI二线跳闸，重合不成功。

10日00:13~00:14，B市电网500kV对外联络线EJ一线累计跳闸两次，最后一次重合不成功。

10日01:27，500kV EJ二线、EI二线、EJ一线相继停运后，B市电网对外联络薄弱，仅剩3条联络线。为保B市电网安全稳定运行，调度紧急安排220kV BX一线、YZ一线合环运行，B市电网对外联络线增加至5回。

10日02:24，B市电网500kV对外联络线EI一线跳闸，重合成功。

10日03:10，之前紧急安排合环的220kV BX一线跳闸。

10日03:23，B市电网500kV对外联络线GJ一线、GJ二线跳闸。B市电网对外联络线降至2回，若再发生EI一线跳闸，B市电网存在孤网失稳风险。

10日03:40，调度紧急调整B市电网运行方式，安排B市电网H电厂1台机组紧急停运，B市电网对外交换功率按零平衡控制，确保B市电网安全稳定运行。B市电网接线图如图4-10所示。

2. 故障主要影响

超强台风"利奇马"的侵袭共导致某电网500kV线路跳闸20条次，500kV主变压器跳闸2台次，220kV线路跳闸88条次，110kV线路跳闸136条次，

35kV线路跳闸83条次，10kV线路跳闸3404条次，累计损失负荷184.05万kW，主要集中在乙省（P市、Q市）、甲省（A市、B市）。

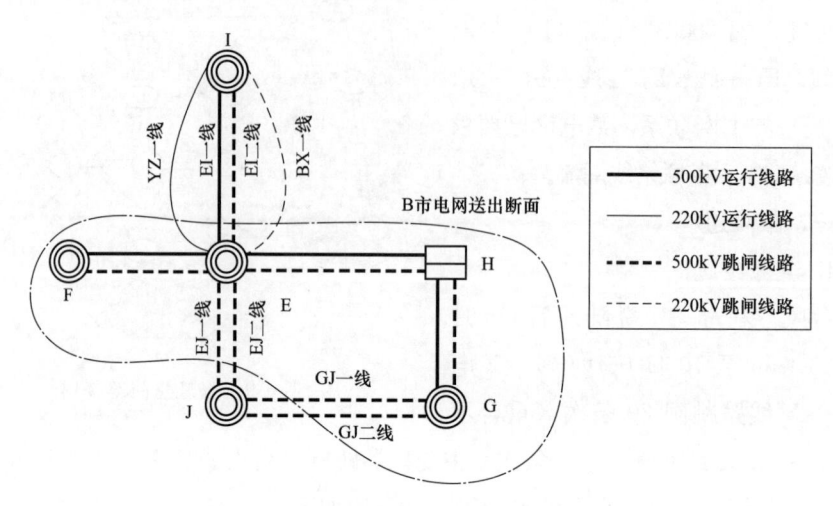

图 4-10　8月10日B市电网接线图

其中，甲省B市电网网架破坏严重，累计4条500kV线路停运，供区内部22条220kV线路停运，最危险时刻，B市电网对外联络线仅剩2条，存在孤网失稳风险。调度紧急调整电网运行方式，安排500kV H电厂1台机组紧急停运，确保B市电网安全稳定运行。

**四、原因及分析**

本次故障原因为超强台风"利奇马"登陆，登陆风力强度达16级，台风路径与地区电网输电线路走廊重叠，大风、降雨造成台风途经地区线路风偏或者绝缘子闪络，导致多条线路跳闸。

**五、启示**

1. 暴露不足

电网抵御极端天气的能力不足。本次故障由台风引起，故障影响范围大，故障类型复杂，且易造成连锁反应。

2. 防范措施

针对本次故障暴露的不足，重点采取以下措施：

（1）建立气象风险预警机制。调度部门应加强与气象部门沟通，推进雷电、山火、台风、覆冰等自然灾害在线预警系统的建设和应用，密切关注台风等自然灾害对电网运行的影响，提前做好故障处置预案，开展针对性反事故演练，精心安排电网运行方式，严格控制重要断面潮流，确保电网安全稳定运行。

（2）合理规划电网结构。对于自然灾害易发地区，结合气象分析，从规划阶段全盘考虑其对主要输电线路通道的影响，尽可能避免在同一通道设计多回主干输电线路，从源头防范电网安全风险。另外，应提高沿海地区设备的设计标准，提高设备抵御台风的能力。

## 案例4　"12·18"甲省某地地震造成乙省A地区孤网

一、概要

某年12月18日23:59，甲省某地发生6.2级地震，乙省750kV A站地区大量线路、主变压器和机组等设备跳闸或紧急停运。故障导致该区域750kV电网甲乙省间某重要通道断面限额由1050万kW（实际潮流560万kW）下降至350万kW，乙省电网A地区孤网运行，累计损失负荷约88万kW。

二、故障前运行方式

乙省750kV A站全接线、全保护运行，A站—E站解环运行，A地区通过A站2台750kV主变压器对外联络。故障前电网运行方式如图4-11所示。

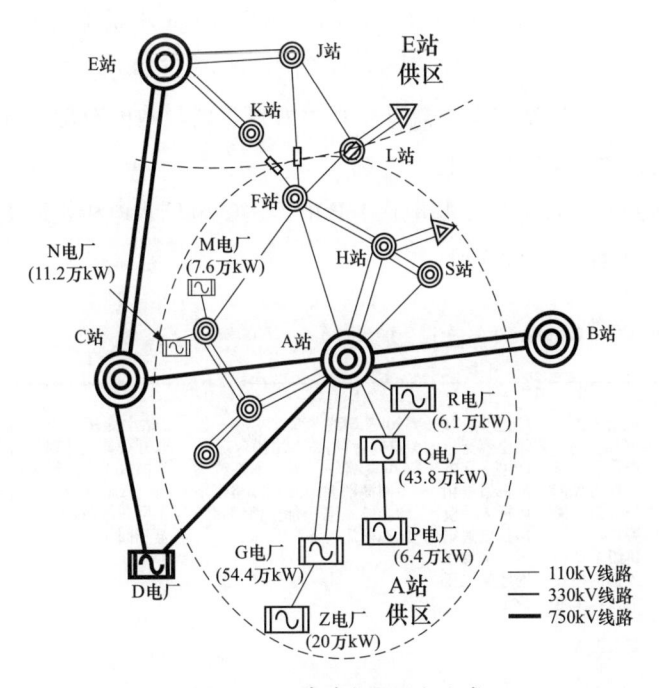

图4-11　故障前电网运行方式

故障前 A 地区总发电 160.2 万 kW，水电出力 159.9 万 kW，风电出力 0.3 万 kW。A 地区总负荷 160.3 万 kW。A 站 750kV 1、2 号主变压器下送功率合计 0.1 万 kW。

### 三、故障过程

1. 具体经过

18 日 23：59，地震造成大量线路、主变压器和机组等设备跳闸，多条线路和母线紧急停运。A 站 750kV 设备全停，A 站 330kV 出线由 11 回减至 6 回，A 供区孤网运行，电网结构被严重削弱。

19 日 00：01，该区域网调第一时间退出 G 电厂 AGC，将 G 电厂水电机组（5×30 万 kW 装机）作为孤网地区第一调频厂，运行机组全部切入孤网模式运行，Z 电厂水电机组（3×7.5 万 kW 装机）配合调频，维持孤网地区频率稳定。

19 日 00：11，通过停运 F 站、H 站电容器，G 电厂、Z 电厂机组进相运行等手段调整电网电压，维持孤网地区电压稳定。

19 日 00：38，330kV FJ 线 J 站侧合环，A 小系统与主网同期并列，结束地区孤网运行。

19 日 00：42，330kV FK 一线 K 站侧合环，将 A 小系统与主网联络线增加至两回。

19 日 01：50，L 站主变压器母联开关恢复并列，站内双母合环运行，A 小系统与主网联络线增加至三回。

19 日 04：49，M 电厂、N 电厂、P 电厂、Q 电厂水电机组恢复并网。

故障时序图如图 4-12 所示。

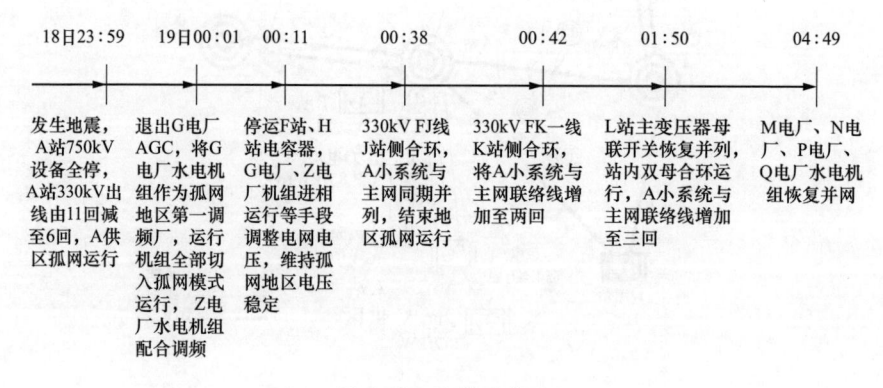

图 4-12 故障时序图

## 2. 故障主要影响

本次故障导致大量设备故障跳闸或紧急停运。750kV 主网方面，750kV AB 二线（A 站—B 站）、AD 线（A 站—D 电厂）、AC 线（A 站—C 站）、A 站 750kV 1、2 号主变压器、A 站 750kV 2 号 M 母线跳闸，750kV AB 一线、A 站 750kV 1 号 M 母线紧急停运，区域主网甲—乙省省间联络线乙省侧网架破坏严重，甲乙省间某重要通道断面限额下降至 350 万 kW（故障前潮流 560 万 kW）。故障后该区域电网运行方式如图 4-13 所示。

330kV 乙省主网方面，A 站两台 750kV 主变压器停运后，A 站所带片区孤网运行，片区内 330kV Q 电厂、R 电厂、P 电厂水电机组全失，损失出力 61 万 kW，同时地震造成 5 条 330kV 线路跳闸、A 站 330kV 1 号 M 母线和 1 条 330kV 线路紧急停运。损失部分负荷后，孤网稳定运行。故障后乙省电网运行方式如图 4-14 所示。

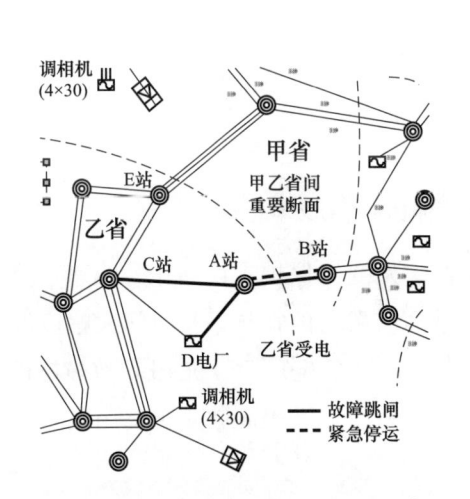

图 4-13　故障后该区域电网运行方式

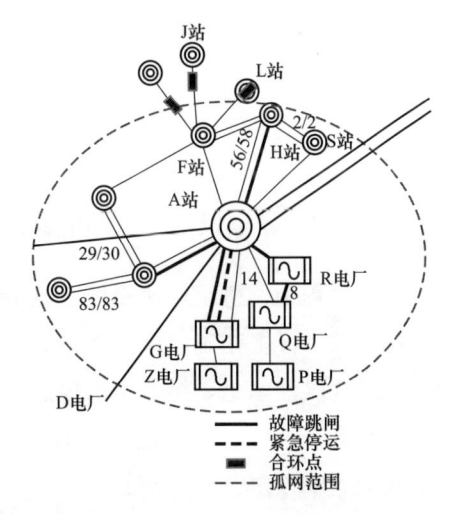

图 4-14　故障后乙省电网运行方式

## 四、原因及分析

### 1. 孤网运行情况

18 日 23∶59～19 日 0∶38，A 地区 330kV 电网与主网解列，G 电厂带小系统孤网稳定运行。地震后孤网系统频率出现大幅值的波动，最大值为 56.86Hz，最小值为 42.03Hz，最大最小值差为 14.83Hz。

A 地区 330kV 孤网以水轮机为主，在水锤效应作用下会出现超低频振荡，对孤网系统频率进行 Prony 分析，得出振荡模式为：孤网系统频率振荡周期

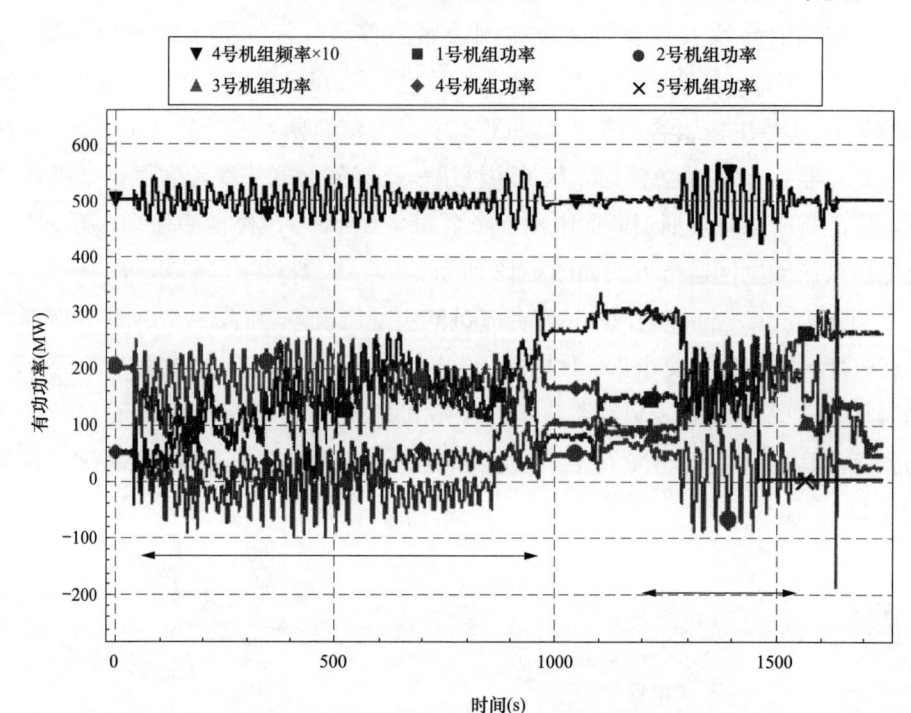

29s，频率为 0.035Hz。图 4-15 为孤网时 G 电厂 1~5 号机组有功率波形。

图 4-15 孤网时 G 电厂 1~5 号机组有功功率波形

振荡过程中，机组调速系统、励磁系统、发变组保护未误动作、调速系统相关频率保护设置正确，调速系统设备（油压装置）的在频率长时间大幅度波动中未出现供油不足，维持了必要的工作油压，仅 G 电厂 5 号机 PLC 故障停机动作（故障低油压动作）跳机。孤网模式下，机组显著提高频率振荡阻尼，保证电网的频率稳定。

A 站孤网瞬间，由于 A 站主变压器下网功率基本为 0（日内主变压器下网功率在 -160 万~120 万 kW 范围波动），未对系统造成功率冲击。

孤网运行期间共经历四次机组跳闸，如图 4-16 所示，地区孤网功率平衡分析如下：

19 日 00：01，R 电厂、P 电厂、N 电厂、M 电厂四座水电厂机组及小水电故障，损失出力 37.2 万 kW；低频减载装置动作及用户主动停产，负荷减少 65.3 万 kW；G 电厂、Z 电厂和 Q 电厂 3 号机出力降低 30.1 万 kW。

19 日 00：09，Q 电厂 1、2 号机相继跳闸，损失出力 36.8 万 kW；S 站

330kV Ⅰ母低频减载装置动作，切除负荷 22.7 万 kW，G 电厂、Z 电厂和 Q 电厂 3 号机出力增加 16.6 万 kW。

19 日 00：13，Q 电厂全停，损失出力 20.3 万 kW，G 电厂、Z 电厂出力增加 20.4 万 kW。

19 日 00：26，G 电厂 5 号机故障低油压动作跳闸，损失出力 11.8 万 kW。G 电厂其余机组及 Z 电厂增加出力 9.5 万 kW。

2. 稳定运行分析

孤网期间机组跳闸情况如图 4-16 所示。

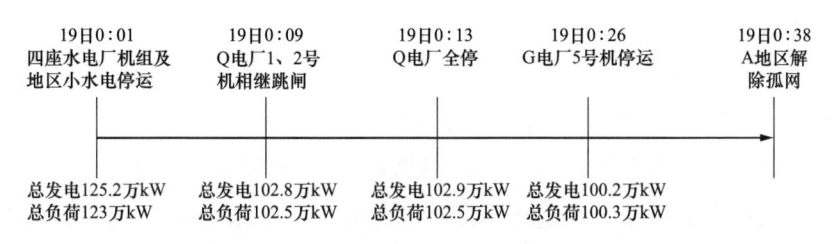

```
19日0:01          19日0:09          19日0:13          19日0:26          19日0:38
四座水电厂机组及   Q电厂1、2号       Q电厂全停         G电厂5号机停运     A地区解
地区小水电停运    机相继跳闸                                            除孤网
───────────────────────────────────────────────────────────────────────►

总发电125.2万kW   总发电102.8万kW   总发电102.9万kW   总发电100.2万kW
总负荷123万kW    总负荷102.5万kW   总负荷102.5万kW   总负荷100.3万kW
```

图 4-16　孤网期间机组跳闸情况

(1) G 电厂机组网源协调特性较好。震后 A 地区电网孤网，该区域网调直调水电站 G 电厂 5 台机组迅速切入孤网模式运行。孤网模式中，虽然孤网系统出现超低频振荡现象，但机组调速系统、励磁系统、发变组保护运行正常、调速系统相关频率保护设置正确，机组监控系统、励磁系统、调速系统动态特性基本符合要求，表明 G 电厂频率类保护定值设置合理、调速器油压系统配置合理、设备性能良好。

(2) 故障发生时 A 站主变压器下网功率低。故障发生前，A 站 750kV 1、2 号主变压器下网功率仅为 0.2 万 kW（日内主变压器下网功率在 −160 万～120 万 kW 范围波动）。故障发生后，A 站 750kV 系统全停导致地区孤网，但由于 A 站主变压器下网功率基本为 0，对 330kV 系统冲击较小，减少故障瞬时的功率不平衡量，为系统转孤岛运行提供良好的初始状态。

(3) 电网低频减载装置正确动作。地震发生后，大量机组跳闸造成地区功率缺额，在两轮水电机组批量停机的关键节点，低频减载装置均正确动作切除部分负荷，减少机组集中跳闸后的功率不平衡量，避免孤网发生频率崩溃。

(4) 网省调协同果断应对处置得当。故障发生后仅 2min，网调第一时间退出 G 电厂 AGC，将 G 电厂作为孤网地区第一调频厂，运行机组全部切入孤网模式运行，乙省调通知 Z 电厂参与调频，并立即开展地区电压控制，保证了地区电网频率和电压稳定。另外，G电厂1~4号机调速系统油压装置与孤网期间跳闸的5号机组配置相同，若系统继续孤网，可能造成G电厂其余机组故障低油压动作跳机。调度及时将A站供区电网联网运行，缩短孤网运行时间，未发生孤网连锁事件，有力保障电网安全稳定。

### 五、启示

1. 暴露不足

极端事件风险管控能力不足。近年来，极端事件呈常态化，多次发生地震、极端干旱等自然灾害，电网应对极端灾害的风险管控能力不足，电网安全稳定运行压力大。

2. 防范措施

针对本次故障暴露的问题，重点采取以下措施：

（1）强化应对地震灾害的电网安全防御能力。地震灾害对电网的影响集中，容易造成站内多设备停运甚至地区孤网。此外，地震灾害易造成设备本体损坏（线路倒塔、主变绕组变形、避雷器损坏等），加之地震对交通运输造成较大影响，短期内一般无法恢复设备运行，对电网运行方式的影响较大，地区电网安全、平衡风险长期存在。建议提高地震带附近关键厂站的防震设计标准，做好关键厂站全停的故障预想，加强地震带近区网架结构，合理规划应急电源。

（2）近年来，极端事件呈常态化，不断考验着电网应对极端灾害的风险管控能力。建议完善各类专项应急预案，建立健全应对极端天气、自然灾害及突发事件等的电力预警和应急响应机制，加强灾害预警预判和各方协调联动。针对重点地区、重要用户，研究部署保底电源和应急自备电源，提高电网应对极端事件的韧性，增强小概率、大损失极端事件下电力系统恢复能力。

# 第五章　二次系统异常引发的电网故障

## 第一节　二次回路异常

### 案例1　"4·17"某电网B站多设备紧急停运

#### 一、概要

某年4月17日04：48，某电网500kV B站站内电缆沟视频监控电缆发生短路着火，导致51、52保护小室电源电缆受损，造成B站6回500kV交流出线（全站共8回500kV出线）和2条500kV母线的双套主保护失电，调度紧急停运相关线路、母线。因网架结构严重破坏，YH直流被迫紧急停运，某电网交流受电断面按零控制，交直流受电能力合计下降220万kW。调度采取增加该网内备用水火电机组出力等措施后，保证了电网电力平衡。

#### 二、故障前运行方式

事件发生前，某电网总负荷1550万kW，电网备用充足。500kV B站全接线、全保护方式运行。500kV 1、2号母线运行；500kV第一串5011、5012开关带1号主变压器运行；第二串5021、5022、5023开关带BCⅡ线、2号主变运行；第三串5033、5032开关带BCⅠ线运行；第四串5041、5042、5043开关带ABⅠ线、BDⅠ线运行，第五串5051、5052、5053开关带EB线、BDⅡ线运行，第六串5061、5062、5063开关带ABⅡ线、BF线运行，现场无检修操作，事件发生时为阴雨天气。故障前B站近区电网接线图和故障前B站500kV一次接线图如图5-1和图5-2所示。

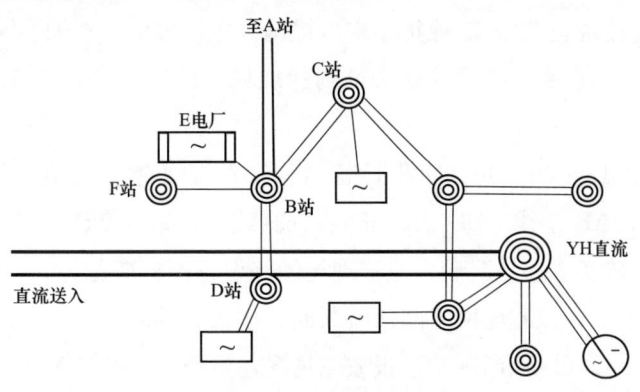

图5-1　故障前B站近区电网接线图

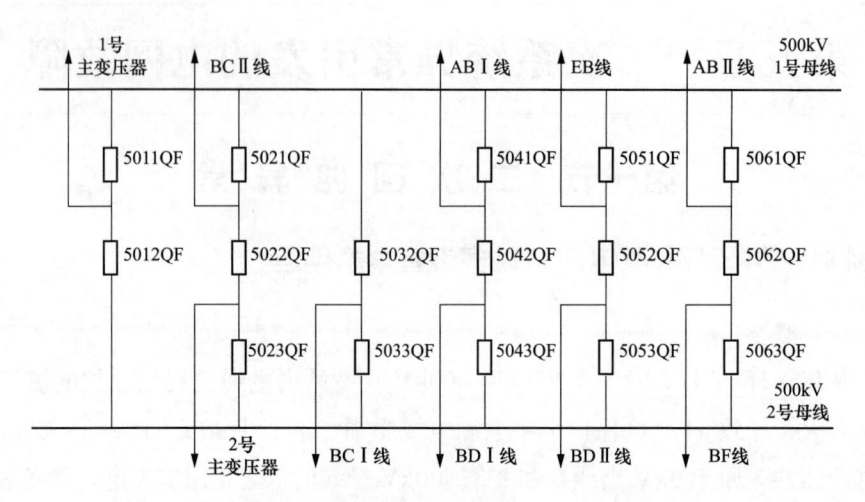

图 5-2　故障前 B 站 500kV 一次接线图

### 三、故障过程

1. 具体经过

17 日 04：48，B 站主控室 1、4、5、8、11 号摄像头视频信号消失。

17 日 04：48，500kV AB Ⅰ 线主保护装置通道 A 告警。

17 日 04：49，500kV AB Ⅰ 线主保护装置通道 B 告警。

17 日 05：07，某省超高压分公司生产指挥中心发现 D5000 系统 B 站通信及测控相关信号告警刷屏，一次主接线图显示 500kV 开关及 220kV 刀闸多处变位。

17 日 05：10，某省超高压分公司生产指挥中心通知 B 站运维人员进行现场检查。

17 日 05：39，B 站汇报 500kV 第 1～5 串开关均在合位，51、52 小室直流电源消失，主控楼至 51、52 保护小室电缆沟（主控楼侧）冒烟。

17 日 06：10，一、二次检修人员到达现场，试送尝试恢复 51、52 小室直流电源失败。

17 日 06：15～06：40，B 站汇报 51、52 保护小室直流电源失去，500kV BC Ⅰ、Ⅱ线，AB Ⅰ线，BD Ⅰ、Ⅱ线，EB 线，B 站 500kV 1、2 号母保护装置失电。调度核实上述情况后，通知现场做好设备停电准备。

17 日 06：42，该省电网省间交流断面功率按零控制。

17 日 06：45，网调向国调汇报故障情况，申请±800kV YH 直流功率降至最低（80 万 kW）。

17日06：58，YH直流功率由100万kW降至80万kW。

17日07：11，B站500kV ABⅠ线、BCⅠ、Ⅱ线、BDⅠ、Ⅱ线、EB线、B站500kV 1、2号母线由运行转热备用。

17日08：16，YH直流双极停运。

17日08：16~09：50，现场采取引接备用电源措施，陆续更换了B站51、52保护小室受损的53根电缆。

17日09：50~10：29，B站51、52保护小室直流电源恢复，500kV BCⅠ、Ⅱ线，ABⅠ线，BDⅠ、Ⅱ线，EB线，B站500kV 1、2号母线保护装置恢复正常。

17日11：04~17：40，500kV BCⅠ、Ⅱ线，ABⅠ线，BDⅠ、Ⅱ线，EB线，B站500kV 1、2号母线、YH直流相继恢复运行。

故障时序图如图5-3所示。

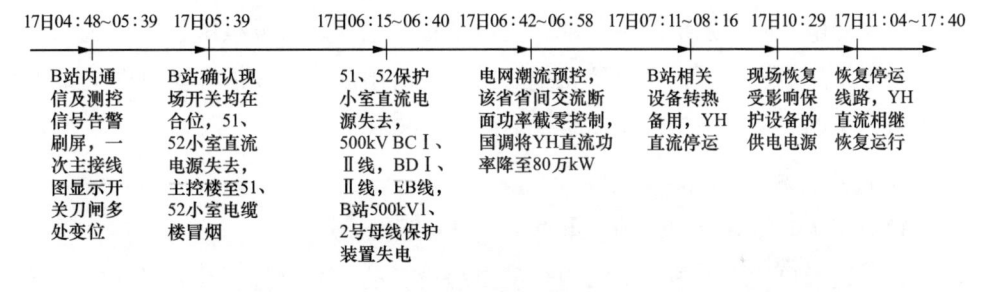

图5-3 故障时序图

2. 故障主要影响

B站是某电网枢纽变电站，故障导致造成YH直流紧急停运，站内8回500kV交流出线中的6回和2条500kV母线紧急停运，其中省间联络线ABⅠ线停运、ABⅡ线和BF线出串运行，省内抽蓄电站E站唯一出线EB线停运。故障后，交流受电断面按零控制，交直流受电功率合计下降220万kW，在采取增加网内备用水火电机组出力等措施后，保证电网电力平衡。

四、原因及分析

检查现场过火处为主控楼至51、52保护小室电缆沟拐弯处，事发时段着火点处无施工、无操作，无其他非电类着火条件。

起火的直接原因为第一层敷设的视频电源电缆外绝缘受损，因前期连续下雨受潮引起短路，进而引发火灾。

起火的间接原因为着火点防火隔板缺失、火灾报警系统故障延误处置。着火点防火隔板缺失方面，此次着火点位于电缆沟拐弯处，电缆存在缠混、交叉叠放情况，防火隔板安装不规范，造成视频电缆故障着火后蔓延。火灾报警系统故障延误处置方面，电缆沟内火灾报警系统2011年投运以来故障频发、可靠性低，且在2022年3月份已出现故障但截至事发时仍未处理完成，导致视频电缆故障着火后丧失火灾报警功能，现场值班人员未能及时发现初期火情。

五、启示

1. 暴露问题

（1）变电站设备巡检和设备监控力度不够，未及时发现火灾情况。火情发生30min后，由超高压分公司生产中心通过保护信号消失情况得以发现；火情发生近1h后汇报调度发生站内火情，暴露出站内巡检和监视设备不到位的问题。

（2）变电站防火系统配置欠缺。变电站存在电缆防火隔板配置不到位、火灾报警系统故障等问题，在火情发生时未能及时阻断火情发展和及时向运维人员告警，说明有关运维单位对消防安全重视程度不够。

2. 防范措施

针对本次故障暴露的问题，重点采取以下措施：

（1）运维单位应加强变电站内全部电缆设备的巡视检查，及时发现电缆绝缘受损等隐患并进行消缺。

（2）运维单位应提高安全消防重视程度，举一反三，对所辖其他运维变电站展开全面排查整改，建立定期排查消防隐患制度。

## 案例2　"10·15"甲电网500kV B电厂a区域电网侧出线全停

一、概要

某年10月15日11:57，A换流站a区域电网侧500kV AB二线50331刀闸因机构箱至汇控柜端子箱间控制电缆绝缘不良而误发合闸信号，导致AB二线经50331刀闸、503317接地刀闸（故障前为合闸状态）对地放电、线路跳闸。因故障前AB一线为检修状态，AB二线跳闸后导致B电厂a区域电网侧出线全停，B电厂a区域电网侧在运机组跳闸，未对a区域电网运行造成其他影响。

## 二、故障前运行方式

故障前 A 换流站站内检修设备：500kV Ⅱ母线、62M 母线、64M 母线、66M 母线、AB 一线、直流单元 1～4，A 换流站 a 区域电网侧主接线如图 5-4 所示。B 电厂 2 号机组运行、1 号机组停备中。A 换流站近区 500kV 电网接线如图 5-5 所示。

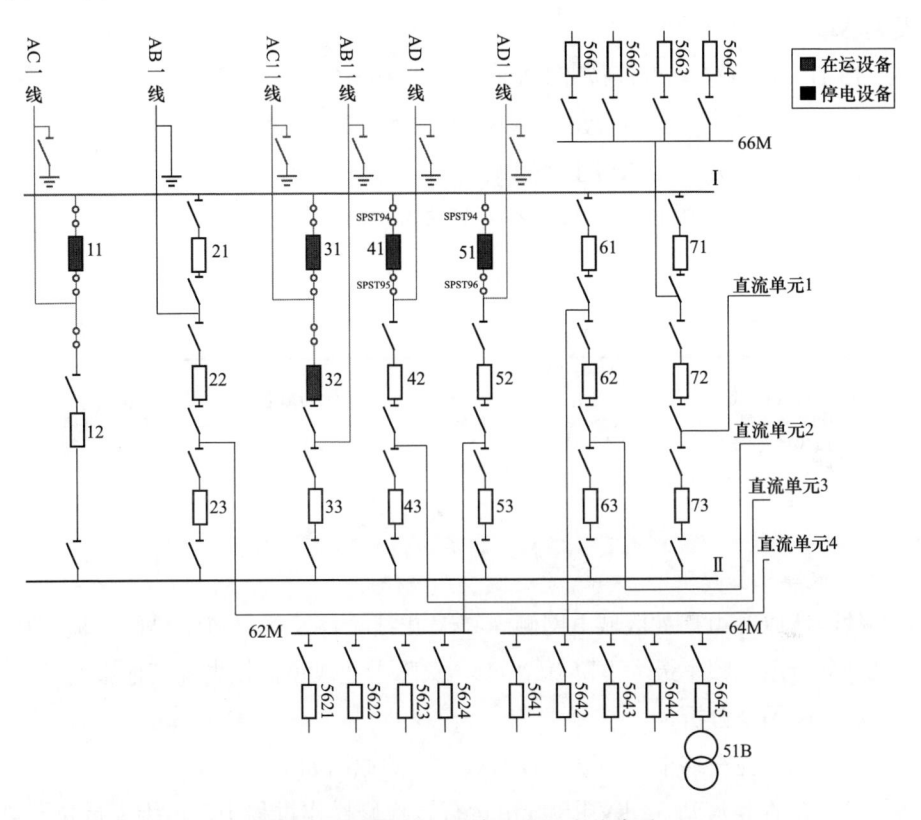

图 5-4 A 换流站 a 区域电网侧主接线图

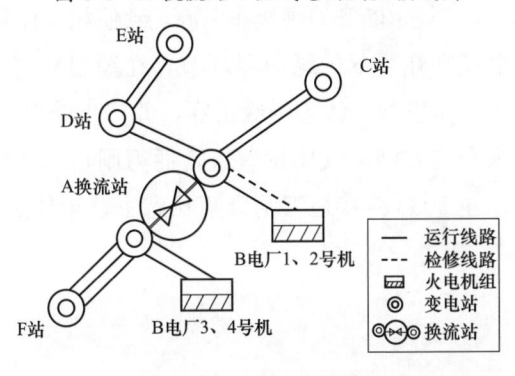

图 5-5 A 换流站近区 500kV 电网接线图

### 三、故障过程

1. 具体经过

15日11：57，500kV AB二线50331刀闸控制电缆发生绝缘击穿，产生错误合闸信号，刀闸机械闭锁装置未实现有效闭锁，致使50331刀闸发生误合，500kV AB二线B相故障跳闸。因AB一线停电检修中，B电厂2号机组跳闸，损失功率45万kW。

15日15：00，B电厂拉开500kV 5011、5012、5013及5033开关。

15日17：10，500kV AB二线转检修，进行故障电缆消缺。

15日23：59，500kV AB二线转运行。

16日06：36，B电厂2号机组恢复运行。

故障时序如图5-6所示。

| 15日11：57 | 15日15：00 | 15日17：10 | 15日23：59 | 16日06：36 |
| --- | --- | --- | --- | --- |
| 500kV AB二线B相故障跳闸，导致B电厂2号机跳闸 | B电厂拉开5011、5012、5013及5033开关 | 500kV AB二线转检修 | 故障电缆更换后，AB二线转运行 | B电厂2号机恢复并网 |

图5-6 故障时序图

2. 故障主要影响

故障造成B电厂a区域电网侧500kV出线全停及2号机组跳闸，损失功率45万kW，系统频率最大下降0.06Hz，故障未造成负荷损失等其他影响。

### 四、原因及分析

结合现场检查结果，判断导致本次故障的原因如下：

（1）在A换流站500kV Ⅱ母线由运行转检修操作过程中，运维人员拉开AB二线50331刀闸后，未按规定断开刀闸操作电源，致使相关控制电缆持续带电。

（2）故障二次电缆存在局部绝缘薄弱环节，在潮湿环境作用下，薄弱环节产生泄漏电流，进而逐步发展为线芯绝缘击穿，并产生错误合闸信号。

（3）A换流站未布置刀闸电气闭锁装置，而刀闸机械闭锁装置因表面锈蚀及顶丝松动等原因，在503317接地刀闸合闸状态下，未能起到有效闭锁50331刀闸的作用。

### 五、启示

1. 暴露问题

（1）设备隐患治理不彻底。本次故障前，A换流站控制电缆已经暴露出质量问题并更换过直流信号回路电缆，但未及时更换低压交流回路电缆；检修过程中未发现刀闸机械闭锁装置失效，设计、建设、维护等各环节未提出缺少电气闭锁的问题并及时整改。

（2）安全生产意识不足。运维人员因疏忽而未按规定在检修期间将刀闸电源断开，进而引发控制电缆绝缘击穿，造成本次故障。

2. 防范措施：

针对本次故障暴露的问题，重点采取以下措施：

（1）强化二次系统管理。提高二次设备质量管控，提升运维管理水平，特别是定期检查刀闸机械闭锁装置状态，合理设置电气闭锁设施，尽可能降低误分、合刀闸风险，避免因二次设备异常给电网带来安全风险。

（2）重视安全运行管理工作。相关单位应加强作业过程中现场操作管理，细化制定整改措施；进一步强化安全生产培训，定期组织专项检查，提高人员安全生产意识。

## 案例 3 "8·6"某电网 A 站 500kV 1 号主变压器故障跳闸

一、概要

某年 8 月 6 日 15：50，某电网 500kV AB 一线 B 相跳闸重合成功，同时 500kV A 站 1 号主变压器（与 500kV AB 一线共串）三相跳闸，主变压器下送负荷转移至近区其他 500kV 主变压器，未造成负荷损失。

二、故障前运行方式

1. 故障前 A 站内运行方式

故障前，A 站 500kV 1、2 号主变压器三侧均正常运行，1 号主变压器负荷 16.2 万 kW，500kV AB 一、二线，AC 一、二线均正常运行。站内无运维操作及检修工作，现场雷雨天气。A 站 500kV 侧一次接线图如图 5-7 所示。

2. 故障前 A 站近区电网运行方式

故障前，某网总负荷 3550 万 kW，500kV AC 双线送 A 站潮流 110 万 kW，

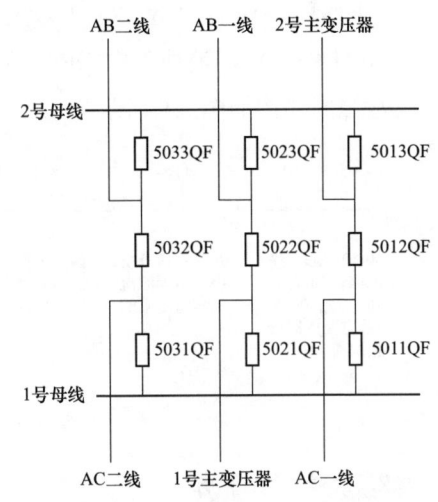

图 5-7 A 站 500kV 侧一次接线图

500kV AB双线送B站潮流80万kW。A站近区500kV接线图如图5-8所示。

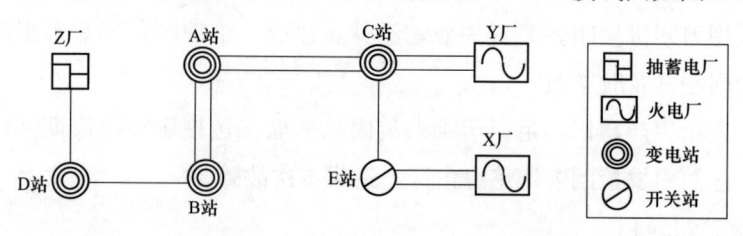

图5-8　A站近区500kV接线图

### 三、故障过程

1. 具体经过

6日15：50，500kV AB一线（与1号主变压器同串）B相跳闸，重合成功。线路故障同时，A站500kV 1号主变压器分侧差动保护动作，主变压器三相跳闸。

6日15：52，增加该站所在地区220kV层面并网机组出力，降低该地区500kV A站、B站、C站运行主变压器下网功率，确保各断面潮流不超稳定限额，开展A站500kV 1号主变压器跳闸后在线安全稳定分析。

6日16：00，通知500kV A、B、C站加强设备运维巡视，确保设备正常运行，启动调度故障处置预案编制。

6日18：07，A站汇报1号主变压器分侧差动保护动作，详细情况需进一步检查。

6日23：50，A站500kV 1号主变压器转检修配合检查消缺。

10日23：33，消缺工作完成，A站500kV 1号主变压器转运行。

故障时序图如图5-9所示。

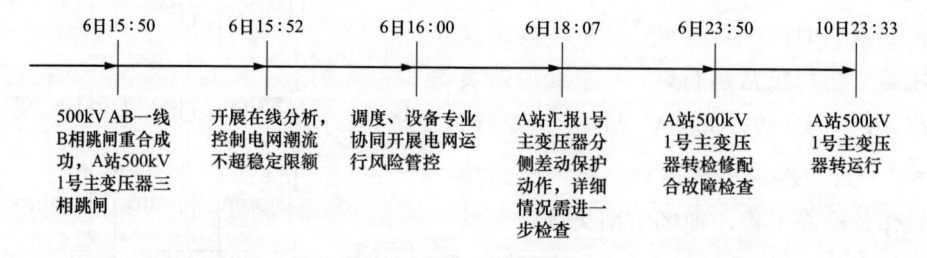

图5-9　故障时序图

2. 故障主要影响

A站500kV 1号主变压器跳闸后，其所带负荷转移至近区其他500kV主变压器，A 站 2 号主变压器功率由 16.9 万 kW 升高至 26.5 万 kW，A 站主变压器下网断面限额由 110 万 kW 降低至 80 万 kW，故障后相关断面均在可控范围。本次故障未造成负荷损失，但导致地区供电能力大幅下降。

### 四、原因及分析

500kV AB 一线发生 B 相接地故障时（距离 A 站 6.9km），一次接地电流流经变电站地网，站内地电位抬升，主变压器电流互感器一、二次绕组之间存在耦合电容，在二次绕组上产生感应电压，因 1 号主变压器保护二次电流回路接地连接螺栓松动，导致电流二次中性线与地网之间存在电势差，通过二次电缆分布电容产生附加电流，流入 1 号主变压器保护装置形成差流，达到分侧差动保护动作条件。

### 五、启示

1. 暴露问题

现场运维巡视工作不到位。500kV A 站 1 号主变压器电流互感器端子箱中的公共绕组套管电流回路接地线与等电位接地排之间连接螺栓松动，运维人员未及时发现。

2. 防范措施

针对本次故障暴露的问题，重点采取以下措施：

（1）强化二次回路专业管理。采取电流回路接地连接加装防松垫片等措施，防止长期运行产生松动现象。

（2）常态化开展电压、电流回路中性线及接地线电流测量，强化异常数据分析，排查整治多点接地和接地不可靠等隐蔽性缺陷。

（3）完善例试检修标准化作业指导书，细化二次回路标准化调试方案，进一步明确电流、电压及中性线接地的检修工艺标准，严格管控重要二次回路检修质量。

## 案例 4 "5·18"某电网 A 站 750kV 2 号母线跳闸

### 一、概要

某年 5 月 18 日 07：13，某电网 A 站 750kV 2 号母线跳闸，B 套母差保护动作。检查发现跳闸原因为 B 套差动保护采样芯片异常，导致保护误动，未对电网运行造成影响。

### 二、故障前运行方式

近区接线如图 5-10 所示，故障前 750kV A 站及近区电网全接线运行，A 站通过750kV AB双回线与750kV B站相连，通过750kV AI双回线与750kV I站相连。

A站站内接线如图5-11所示，7520、7521开关带750kV 1号主变压器，7530、7532开关带750kV 3号主变压器，7540、7541开关带750kV AB二线，7550、7551开关带750kV AI一线，7562、7560开关带750kV AI二线，7560、7561开关带750kV AB一线。

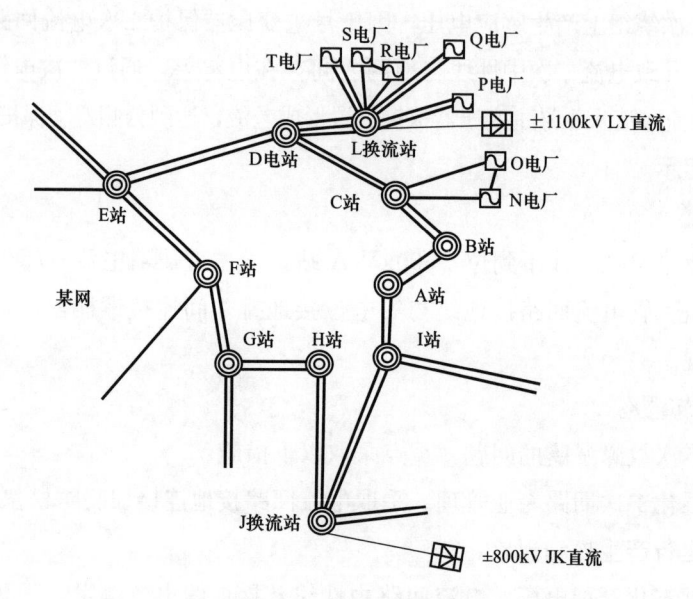

图5-10 A站近区接线

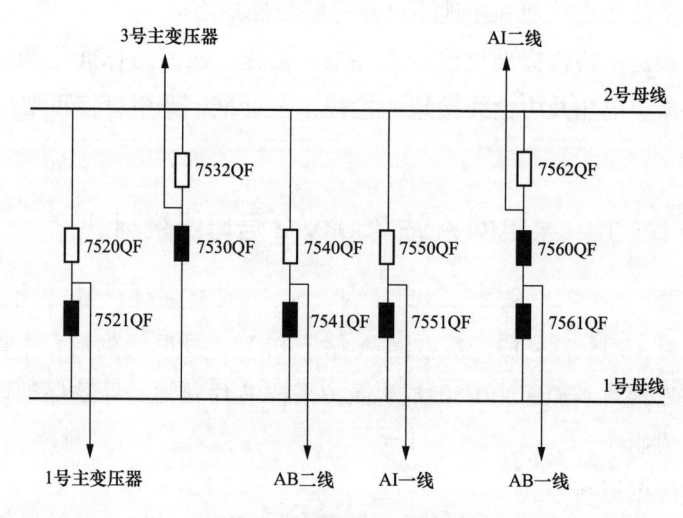

图5-11 A站750kV侧接线

### 三、故障过程

故障时序图如图 5-12 所示。

18 日 07：13，A 站 750kV 2 号母线 B 套 SGB-750C-DA-G 母线差动保护动作，母线跳闸，故障相别选 A 相，母线 A 套保护未动作。

18 日 07：52，现场检查发现一次设备无异常，750kV 2 号母线 B 套保护在母线跳闸后仍频发运行异常告警信号。

18 日 09：08，根据现场申请，退出 750kV 2 号母线 B 套保护

18 日 11：09，现场判断 A 站 750kV 2 号母线 B 套母线保护装置异常，一次设备及 A 套保护均运行正常，设备具备恢复条件。

18 日 12：08，用 7540 开关对 750kV 2 号母线试送电成功。

18 日 12：59，A 站 750kV 2 号母线恢复正常运行状态（B 套保护维持退出状态）。

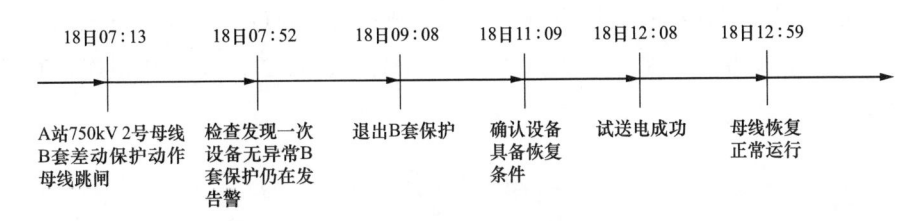

图 5-12 故障时序图

### 四、原因及分析

现场通过查看故障录波，故障时刻前后 7562、7550、7540 开关采样未见异常（7532 及 7520 开关所接录波器未启动），初步判断 750kV 2 号母线 B 套母线保护装置 7550 开关电流采样异常。经现场详细检查后，确认母线跳闸原因为 750kV 2 号母线 B 套保护装置 CC 模件中 FPGA 芯片存储单元异常。

### 五、启示

1. 暴露问题

设备质量把控不到位。保护装置的芯片故障导致采样异常，一次设备无故障跳闸，该设备未到换型年限，说明生产厂家在设备制造过程中监管不到位，在出厂环节验收把关不严，存在管理缺失的现象。

2. 防范措施

针对本次故障暴露的问题，重点采取以下措施：加强设备质量管理。加强设备验收环节把控，做好在运设备运维，及时发现并消除缺陷，防范因二次设

备问题造成一次设备无故障停运。

## 第二节 现场违规作业

### 案例5 "3·14"某电网750kV AD一线跳闸

**一、概要**

某年3月14日10：26，某超高压公司在A变电站开展750kV AD一线间隔SF$_6$密度继电器通信线电缆敷设期间，因现场作业人员违规进行扩孔作业，误伤750kV AD一线二次电缆，导致电流互感器两点接地产生零序电流，造成线路零序过流Ⅲ段保护动作，线路跳闸。

**二、故障前运行方式**

近区接线如图5-13所示，故障前750kV A变电站及近区电网全接线运行，A站通过750kV AB双回线与750kV B变电站相连，通过750kV AD三回线与750kV D换流站相连，通过750kV AF双回线与750kV F换流站相连，通过750kV AO双回线与O电厂相连。

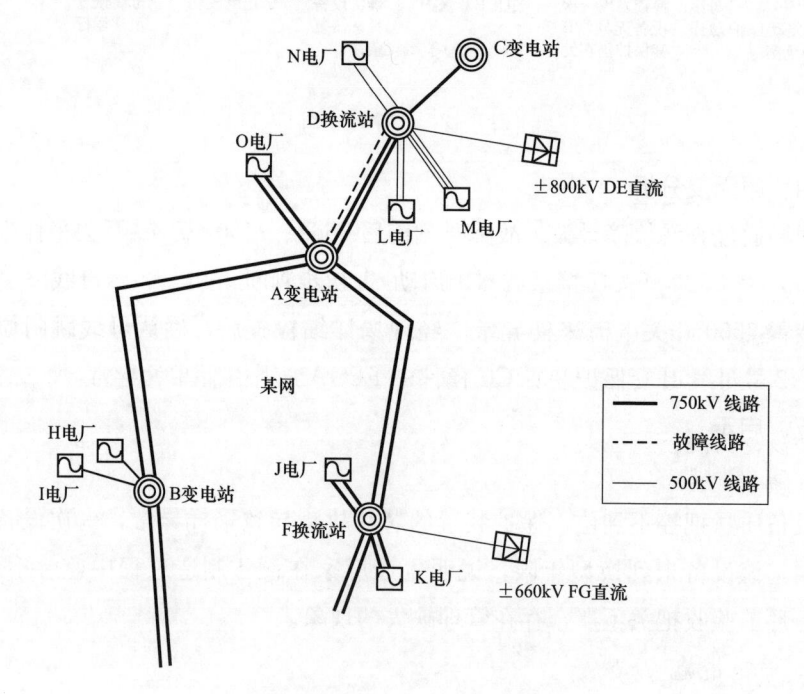

图5-13 A变电站近区接线图

A变电站站内接线如图5-14所示，750kV系统采用3/2接线方式，750kV

AD一线与750kV AD二线配串运行。

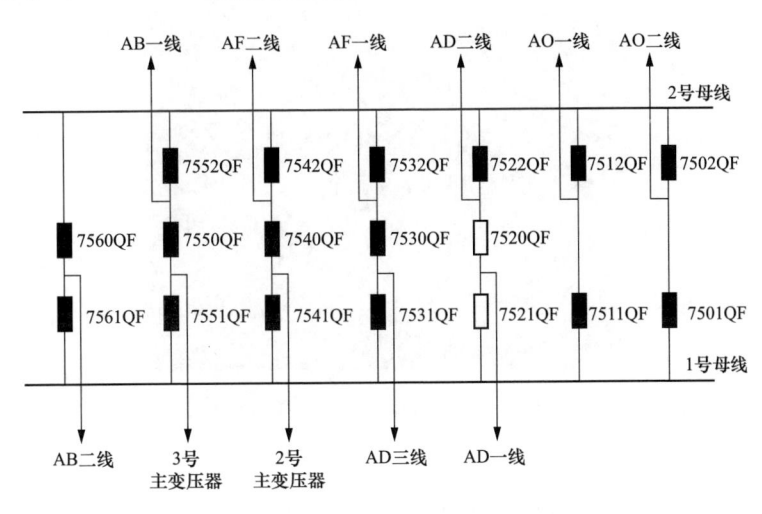

图 5-14　A 变电站 750kV 侧接线

### 三、故障过程

1. 具体经过

故障时序图如图 5-15 所示。

14 日 10：26，750kV AD 一线跳闸，零序过流Ⅲ段动作。

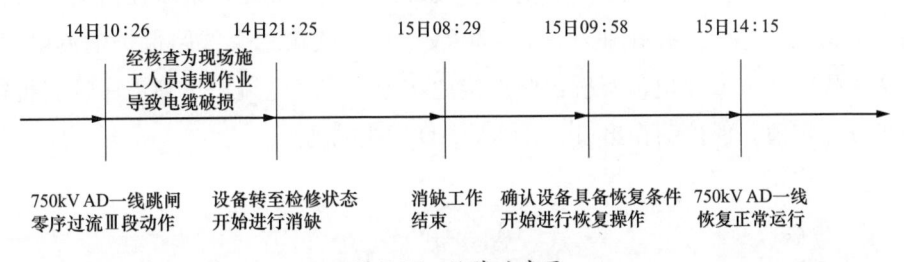

图 5-15　故障时序图

经核查为现场施工人员违规作业导致 7521 开关 B 相电流互感器电缆沟内二次电缆损伤，造成 B 相电流互感器两点接地产生零序电流，现场情况如图 5-16 所示。

14 日 21：25，750kV AD 一线及 A 变电站侧 7521、7520 开关转至检修状态，现场开始进行消缺工作。

15 日 08：29，消缺工作结束。

15 日 09：58，现场确认具备恢复条件后，开始进行设备恢复操作。

15 日 14：15，750kV AD 一线恢复正常运行。

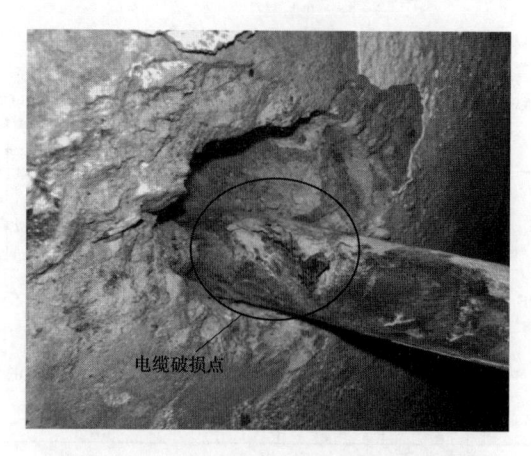

图 5-16　电缆孔洞口处误伤二次电缆情况

2. 故障主要影响

故障造成 D 换流站近区网架削弱，DE 直流限额由 620 万 kW 下降为 580 万 kW，未影响 DE 直流计划及两侧区域电网平衡。

四、原因及分析

A 变电站现场施工作业人员在对 7521 开关 B 相本体密度继电器敷设远传通信电缆过程中，发现编号为 CT1-4B 的二次电缆穿越电缆沟时未敷设钢管，因电缆孔洞过小，新增远传通信电缆无法敷设，作业人员在未采取任何安全防护措施的情况下进行扩孔作业，误伤 750kV AD 一线第二套线路保护电流电缆，电缆破损时导致 B 相电流互感器两点接地，产生零序电流，达到零序过流Ⅲ段保护动作定值，保护动作出口，750kV AD 一线跳闸。

五、启示

1. 暴露问题

现场作业管控不到位。在设备在运情况下使用尖锐物品违规作业，误伤运行中的二次电缆，现场管理人员没有及时发现违规作业工具和人员违章行为，监督管控不到位。

2. 防范措施

针对本次故障暴露的问题，重点采取以下措施：应督导现场严格管控作业人员，防止违规作业伤害电网设备；督促运维检修中及时开展隐患排查整治，排除长期存在的安全隐患。

## 第三节　合并单元故障错误

### 案例6　"4·24"某电网500kV BCⅡ线跳闸

**一、概要**

某年4月24日21：21，某电网500kV AB线检修完毕送电过程中，同串的BCⅡ线双套线路保护动作跳闸，未对电网运行产生影响。现场检查发现故障原因为500kV BCⅡ线B站5042开关电流互感器合并单元与BCⅡ线线路保护相关极性设置错误，导致线路保护误动。

**二、故障前运行方式**

B、C站500kV接线图如图5-17所示。

B站运行方式：500kV BCⅠ、Ⅱ线、BD线、AB线、B站500kV 3号主变压器运行。

C站运行方式：500kV EC线、CD线、BCⅠ、Ⅱ线、C站500kV 2、3、4号主变压器运行。

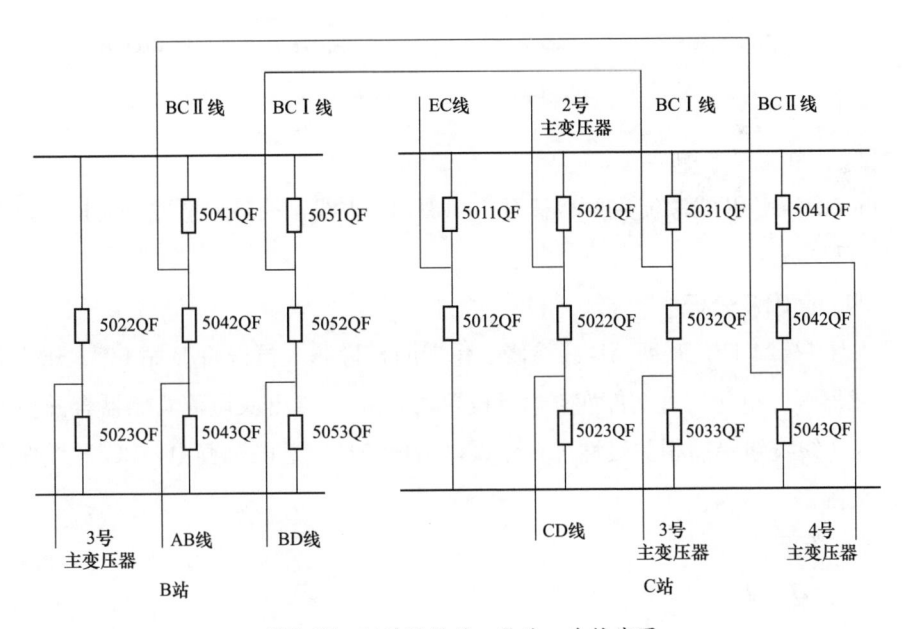

图5-17　500kV B站、C站一次接线图

### 三、故障过程

1. 具体经过

故障时序图如图 5-18 所示。

24 日 21：21，500kV AB 线检修工作完成，线路送电的过程中同串的 BC Ⅱ线故障跳闸，故障类型为 BC 相间故障，未造成负荷损失。B 站 500kV BC Ⅱ线两侧双套主保护动作，故障测距 B 站侧 0km，距 C 站侧 50.1km。

24 日 22：56，现场检查发现故障原因为 AB 线检修工作中更换 B 站 5042 开关电流合并单元电源板后的程序备份过程中，误刷新了 PAR 配置文件，恢复为出厂设置，使得 B 站 5042 开关电流互感器极性不正确，导致线路保护误动作。

25 日 03：29，B 站 5042 开关由热备用转冷备用，配合现场开展检查消缺工作。

25 日 04：24，消缺工作完成，500kV BC Ⅱ线恢复运行。

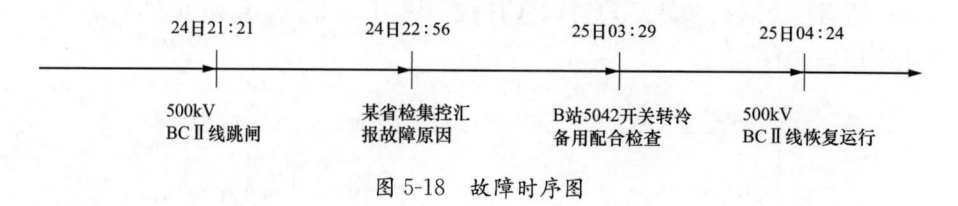

图 5-18 故障时序图

2. 故障主要影响

500kV BC Ⅱ线潮流主要转移至 500kV BC Ⅰ线，故障未造成负荷损失，电网保持稳定运行。

### 四、原因及分析

4 月 1～24 日，开展 AB 线检修工作期间，检修人员误将 B 站 5042 开关电流互感器合并单元配置文件恢复出厂设置，导致 5042 开关电流互感器合并单元与 BC Ⅱ线线路保护相关极性设置错误，造成 AB 线送电过程中，BC Ⅱ线保护误动跳闸。

### 五、启示

1. 暴露问题

（1）检修人员业务不熟练。检修流程规范性欠缺，安全措施考虑不完备，特别是对涉及设备软件类作业安全风险估计不足。

（2）现场检修作业管理不规范。检修作业完毕后验收审核不严谨，未能及时发现检修作业设备配置文件的参数设置错误。

2. 防范措施

针对本次故障暴露的问题，重点采取以下措施：

（1）加强检修人员培训与管理。提升检修人员专业能力，保证检修作业规范性、安全性、正确性。

（2）加强运维单位履责把关。运维单位应严格履行现场作业监护职责、严把现场工作验收点和审核关口，杜绝类似问题再次发生。

## 案例 7 "7·27"某电网 A 站 500kV 1 号主变压器等设备跳闸

### 一、概要

某年 7 月 27 日 09：01，某电网 500kV AC 二线（A 变电站—C 变电站）故障跳闸，选 C 相，重合成功。故障同时 A 变电站 500kV 1 号主变压器单套差动保护动作跳闸，选 C 相。经查，500kV AC 二线跳闸原因为雷击，A 变电站 500kV 1 号主变压器跳闸原因为 5011 开关第一套合并单元电流采样异常，导致主变压器差动保护误动。

### 二、故障前运行方式

A 站近区电网接线图如图 5-19 所示。

故障发生前，M 水电送出通道 500kV AC 一、二线及 500kV BF 一、二线全接线运行，500kV A 变电站内设备全接线运行。B 变电站两台 500kV 主变压器与 A 变压器电站两台 500kV 主变压器通过 220kV 输电线路形成 500kV/220kV 电磁环网运行。故障前 A 变电站 1 号主变压器负荷 8.2 万 kW。

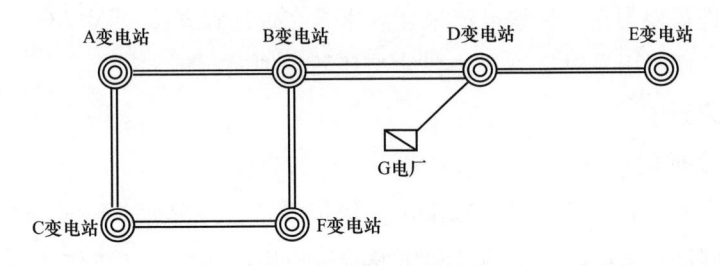

图 5-19 A 站近区电网接线图

### 三、故障过程

1. 具体经过

故障时序图如图如 5-20 所示。

27日09：01，500kV AC二线故障跳闸，选C相，重合成功。故障同时A变电站500kV 1号主变压器第一套保护动作跳闸，1号主变压器跳闸，选C相。

27日15：55，A变电站500kV 1号主变压器由热备用转冷备用，配合检查消缺。

28日10：55，消缺工作完成，A变电站500kV 1号主变压器恢复运行。

```
27日09:01              27日15:55              28日10:55
    │                      │                      │
────┼──────────────────────┼──────────────────────┼────────→

500kV AC二线故障跳闸，    经现场检查1号主变压器外观未    A变电站500kV
选相C相，重合成功。同     异常，初步检查怀疑1号主变压器   1号主变压器送电正常
时A变电站500kV 1号主     高压侧5011DL A套合并单元电流
变压器跳闸，差动保护动    采样异常。15:55将A变电站500kV
作，故障相别C           1号主变压器由热备用转冷备用，
                      配合跳闸后详细检查
```

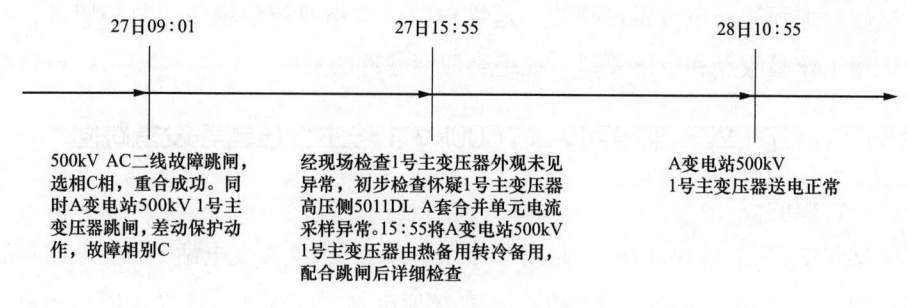

图5-20 故障时序图

2. 故障主要影响

A变电站500kV 1号主变压器跳闸前所带负荷为8.2万kW，跳闸后负荷转移至A变电站2号主变压器。因A变电站所带负荷较轻，1号主变压器停运期间2号主变压器不会存在过载风险。电网500kV其余交流系统运行正常，电网频率正常。

四、原因及分析

500kV AC二线故障跳闸原因为雷击。500kV A变电站1号主变压器第一套差动保护误动原因为500kV 1号主变压器高压侧5011开关第一套合并单元系数配置文件被误删除，导致电流采样异常，在近区设备500kV AC二线因雷击造成故障跳闸时引发对应A变电站主变压器保护误动。

五、启示

1. 暴露问题

（1）合并单元软件系统存在缺陷。保护设备合并单元NSR-386AG装置软件系统有漏洞，未删除厂内调试和研发阶段使用的功能，造成作业人员误删配置文件系数恢复出厂默认值。误删后无告警信息，影响二次系统安全运行。

（2）合并单元试验工作程序不完善。合并单元采样试验程序存在漏洞，因幅值采样系数修改后即时生效，在合并单元重启前开展采样试验，无法发现配置文件异常错误，导致隐患长期存在。

（3）现场作业管控不到位。厂家技术人员安全风险意识淡薄，二次检修人员专业技术能力不足，对合并单元参数内涵及原理不掌握，未发现并制止厂家人员删除配置文件的错误行为。

（4）设备巡视不精细。设备巡视工作不细致，未发现合并单元电流输出不一致的异常现象，未能及时消除设备安全隐患。

2. 防范措施

针对本次故障暴露的问题，重点采取以下措施：

（1）全面开展隐患整治。要针对存在同类风险合并单元，制定针对性整改方案，完善配置文件防误删、异常告警功能，及时消除设备安全隐患。

（2）强化二次专业管理。加强合并单元重启后配置文件对比核查，研究改进现场试验方法，重启后对合并单元关键二次回路采样再检验。严格合并单元出厂审核把关，确保软件系统正确可靠。

（3）加强专业技能培训。加大二次检修人员专业技能培训力度，重点补齐合并单元配置文件、参数原理掌握不足的短板。

（4）强化反措执行落实。严格落实十八项反措要求，对于330kV及以上新建变电站取消应用合并单元，在运变电站根据电网结构中的重要程度，结合改造工作，有序拆除合并单元。

# 第四节 二次系统误操作

## 案例8 "5·27"某区域电网E电厂500kV 1号母线因误操作导致母线跳闸

### 一、概要

某年5月27日，E电厂轮退500kV 2号母线差动保护，配合5033开关保护更换后传动。10∶12，E电厂500kV 1号母线PCS-915母差保护动作，造成E电厂500kV 1号母线跳闸。

### 二、故障前运行方式

故障前，E电厂5032、5033开关处于检修状态，5031开关在热备用状态，3、4号机组停机状态，1、2号机组及500kV EA一、二线正常运行。E电厂正开展轮退500kV 2号母线差动保护，配合5033开关保护更换后传动工作。E电厂站内500kV接线方式如图5-21所示。

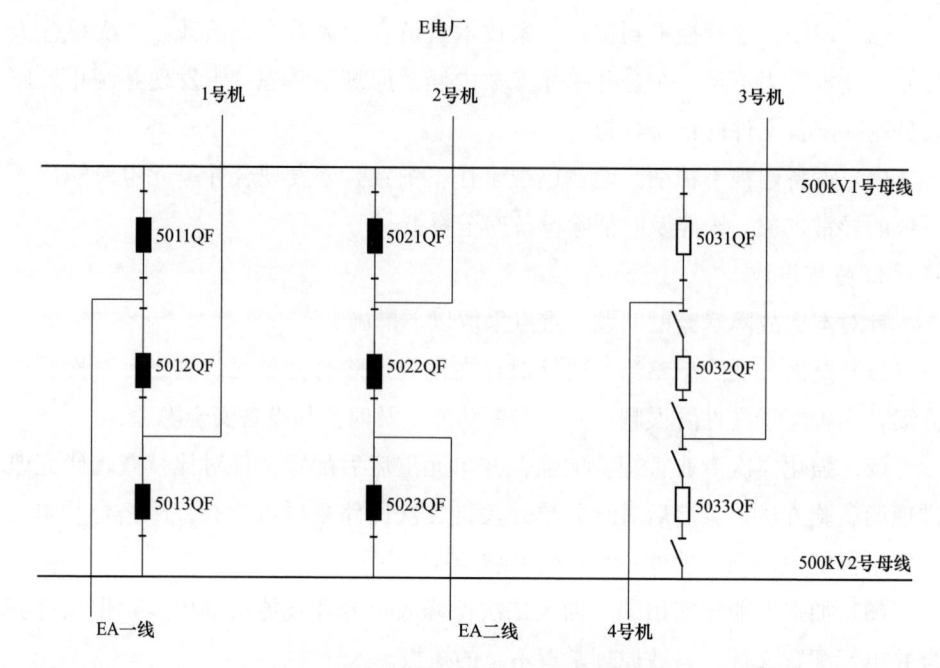

图 5-21　E 电厂站内 500kV 主接线图

### 三、故障过程

1. 具体经过

故障时序图如图 5-22 所示。

22 日 11：04，E 电厂 5032、5033 开关转检修开展开关保护、短引线保护更换工作。

27 日 09：54，E 电厂 500kV 2 号母线 PCS-915 母差保护退出，配合 5033 开关保护改造后传动试验。

27 日 10：12，E 电厂 500kV 1 号母线 PCS-915 母差保护动作，造成 E 电厂 500kV 1 号母线跳闸。调度立即将 E 电厂功率降至最低，并要求现场立即暂停工作。

27 日 15：35，E 电厂 500kV 1 号母线恢复运行。

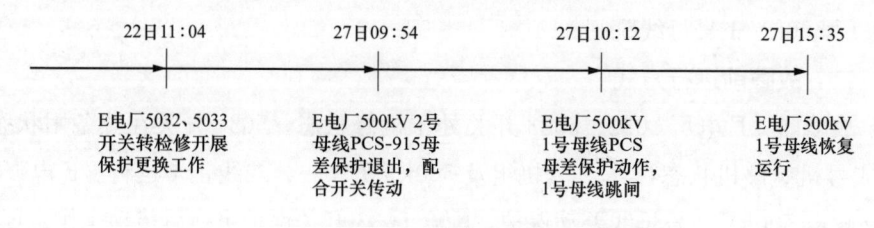

图 5-22　故障时序图

## 2. 故障主要影响

本次误操作造成E电厂500kV 1号母线无故障跳闸，严重影响了厂内运行方式。E电厂500kV 1号母线跳闸后，为预控风险，调度下降E电厂1、2号机组功率，影响甲网平衡裕度60万kW。

## 四、原因及分析

E电厂5033开关保护更换工作完成后，开展5033开关保护传动2号母线PCS-915母差保护试验时，现场工作人员误走至5031开关端子箱，进行5031开关保护传动500kV 1号母线PCS-915母差保护操作，导致E电厂500kV 1号母线跳闸。

## 五、启示

### 1. 暴露问题

（1）对二次工作风险认识不足。E电厂保护专业人员未能充分认识二次工作的风险，在开关端子箱开展保护传动时，未核实开关编号，误入其他开关端子箱开展相关工作。

（2）现场工作监护不到位。保护专业人员误入间隔时，监护人员未能及时发现并制止，未严格履行检修工作监护监督要求。

### 2. 防范措施

针对本次故障暴露的问题，重点采取以下措施：

（1）强化二次检修工作管理。发电厂专业人员要充分认识到二次工作的风险，加强保护、安控等二次检修工作管理，完善现场工作流程和制度，牢牢守住各个责任关口，杜绝类似事件发生。

（2）严格执行监护制度。现场必须在监护人员在场情况下开展检修工作时，监护人员必须按要求严格履行监护职责，能够及时发现被监护人问题并及时制止。

## 第五节　控制系统异常

### 案例9　"3·1"甲电网AGC系统异常

#### 一、概要

某年3月1日，厂家运维人员对甲电网AGC系统进行功能模块升级过程中，将新增功能布置在AGC备机试运行，因操作不当导致备机切主运行，备机测试数据作为 AGC 指令下发，新能源场站功率快速下降 165 万 kW，造成 a 区域电网频率越下限 148s。

## 二、故障前运行方式

甲电网位于 a 区域电网，故障前为全方式、全保护、全接线方式运行，甲电网当时天气晴，火电机组处于二档深调中，负荷率 36.15%，风电功率 239 万 kW，光伏功率 171 万 kW，水电停机备用中，电网频率 49.96Hz。网间主要断面潮流如图 5-23 所示，甲乙断面一潮流 295 万 kW，甲乙断面二潮流 243 万 kW，甲丙断面潮流 150 万 kW，KQ 直流 257 万 kW，LR 直流 90 万 kW。

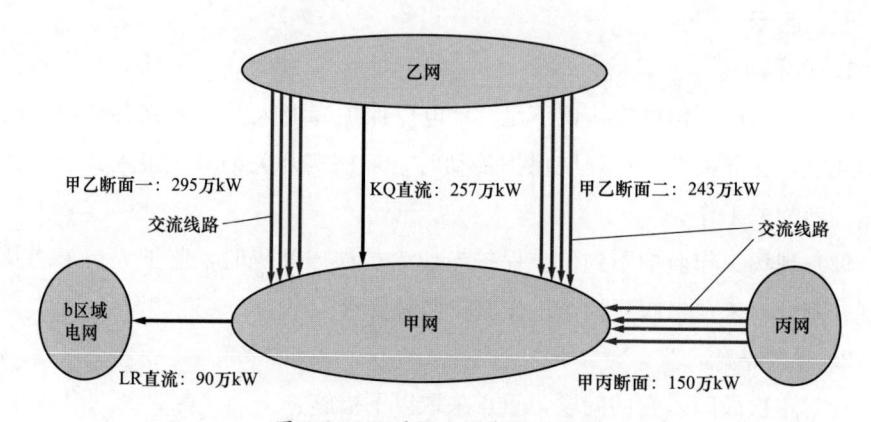

图 5-23　500kV 主网潮流示意图

## 三、故障过程

1. 具体经过

第一阶段，故障发生。

1 日 15：00，厂家运维人员将刚开发完成的"省间现货日前、日内成交电量物理执行功能模块"在 AGC 系统备机上进行功能测试工作。

1 日 15：26，因运维人员操作不当，导致 AGC 系统的备机切主运行，备机测试数据作为 AGC 指令下发，风电、光伏场站接到 AGC 指令后功率下降，新能源功率合计下降 165 万 kW，电网频率由 49.96Hz 迅速下降至 49.75Hz。

第二阶段，故障处置。

1 日 15：27，甲电网调度员发现频率异常，ACE 出现较大偏差，立即指挥水电并网运行，各类电源快速增加功率，将有关情况汇报 a 区域电网调度员，同时询问运维人员 AGC 系统运行情况，告知运维人员停止 AGC 系统测试工作，暂停 AGC 系统功能，下令新能源场站快速恢复功率。

1 日 15：30，电网频率恢复至 49.80Hz 以上，电网运行恢复正常。

故障时序图如图 5-24 所示。

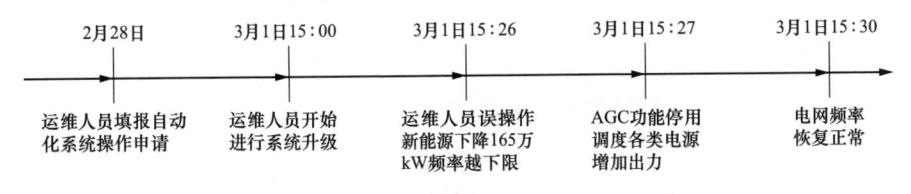

```
2月28日        3月1日15:00     3月1日15:26     3月1日15:27     3月1日15:30
   |               |               |               |               |
───┼───────────────┼───────────────┼───────────────┼───────────────┼──→
运维人员填报自动   运维人员开始    运维人员误操作   AGC功能停用     电网频率
化系统操作申请    进行系统升级    新能源下降165万  调度各类电源    恢复正常
                                 kW频率越下限    增加出力
```

图 5-24　故障时序图

2. 故障主要影响

故障造成 a 区域电网频率越下限 148s，频率最低降至 49.75Hz。

### 四、原因及分析

AGC 系统运维人员违反《安规》，在未采取防误控安全措施、没有运行人员监护的情况下开展系统功能测试，因误操作导致 AGC 系统异常减功率，是本次故障的原因。厂家运维人员对甲电网 AGC 系统进行功能模块升级过程中，运维人员在工作站打开主、备机两个操作窗口，并完成了备机新版本程序部署。在备机更新新数据表前，运维人员违规启动了刚刚部署的新版本程序，导致新程序与原数据表不对应（备机新程序读取原数据表产生错位，造成大部分新能源机组功率目标值为 0），因处于备机状态，错误指令未下发。运维人员按步骤应继续在备机更新新数据表，实现程序与数据表一致，却误将主机窗口当作备机窗口，实施了主机更新新数据表的错误操作，导致主机程序与新数据表不匹配，主机程序异常退出，系统自动主备切换，备机转主运行，备机测试数据（大部分新能源机组功率目标值为 0）作为 AGC 指令下发。

### 五、启示

1. 暴露问题

（1）运维人员安全意识淡薄。AGC 系统运维人员未严格执行《安规》，作业前运维人员对危险点分析及其预控措施不清晰，未有效制定并执行电力监控工作票上的授权、备份、验证等安全技术措施。

（2）技术支持系统运维工作监管缺失。作业监护不到位，开工后在工作过程中没有相关管理人员陪同，相关操作没有全程监控，导致未能及时发现和制止作业人员的误操作行为。

（3）程序技术防误手段不足。AGC软件安全校验和防误闭锁、暂停机制不健全，AGC软件对不合理的调节指令封锁不到位，缺少完备控制门槛值闭锁功能，AGC程序投运时，缺乏程序内存与数据库表结构不一致性的校验检测防误功能。

2. 防范措施

针对本次故障暴露的问题，重点采取以下措施：

（1）强化《安规》培训和执行。加强调度技术支持系统运维人员资质审查，开展专项业务培训，明确作业要求，杜绝技术水平不过关人员参与系统开发及操作，作业人员应明晰准确掌握危险点分析及其预控措施。

（2）严格执行技术支持系统运维操作监护制度。运维人员进行关键操作时必须有专人监护，杜绝私自作业情况，针对系统程序升级、应用上线和主备切机等重要操作增加双因子认证功能，相关操作必须得到专业人员授权确认后方能执行，梳理各类技术支持系统作业风险，提前分析安全隐患并制定预防措施。

（3）强化程序技术防误。依照AGC系统实际运行可能存在的安全风险，在软件上线投运操作前应将自动控制类功能暂停，从控制指令、系统升级、主备切换三个方面开发系统防误功能，从技术上杜绝此类故障再次发生。

## 案例10　"10·23"某电网500kV A站通信电源故障

一、概要

某年10月23日，某电网500kV A站通信电源故障，造成站内通信设备失电，导致7条500kV线路、6条220kV线路单套继电保护通道中断。

二、故障前运行方式

故障发生前，A站通信设备的电源接线包括交流电源接线、直流电源接线，接线图如图5-25所示。交流电源接线由站用电配电室的两段不同母线，分别引至通信机房内交流屏，经屏内设置的1套ATS（自动切换装置）后，为两套通信电源提供交流电；直流电源接线为2套容量为300A的整流电源，各带2组300Ah蓄电池组，分别接至直流屏，再由直流屏向通信机房内的通信传输设备供电。

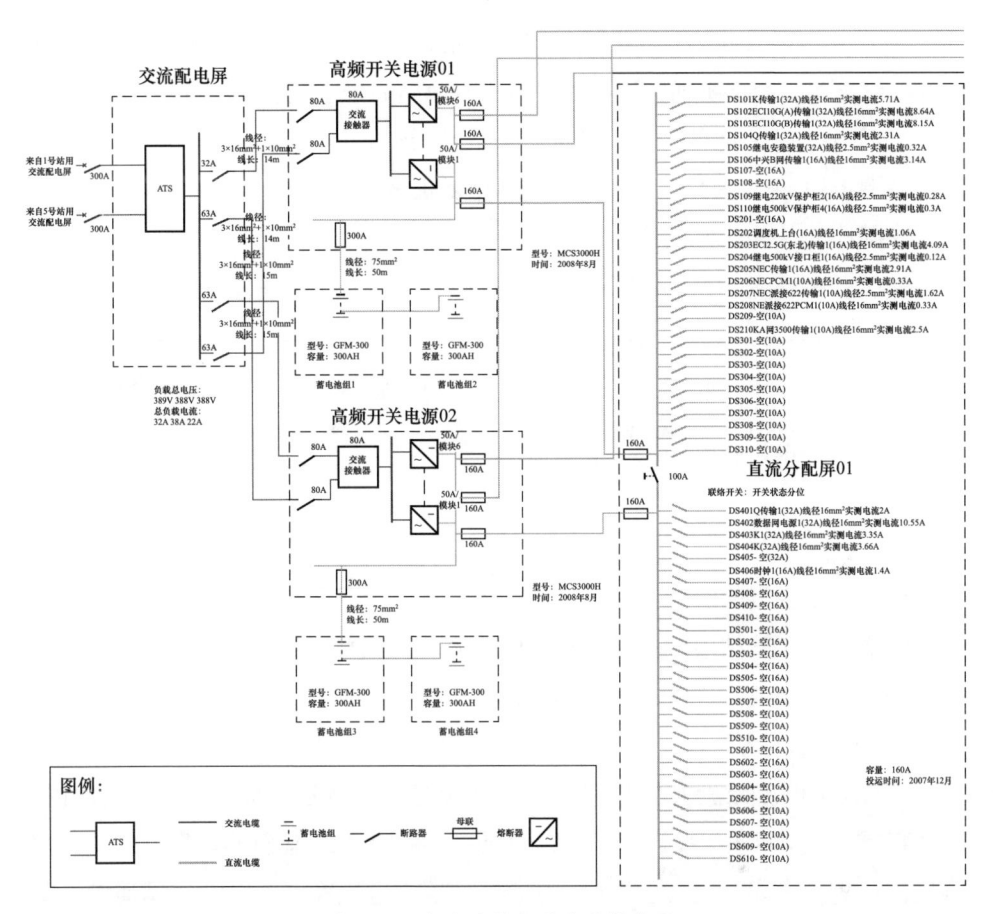

## 第五章 二次系统异常引发的电网故障

图 5-25 A 站通信电源系统接线图

### 三、故障过程

1. 具体经过

23 日 22：10，A 站通信交流电源失电，其后由蓄电池组为通信设备供电。

23 日 23：50，蓄电池组电量耗尽后，站内通信设备失电。此时，通信调度发现 7 条 500kV、6 条 220kV 等 13 条线路单套继电保护通道中断（上述保护通道均由 A 站站内通信设备承载），立即通知通信运维人员处置。在此期间，A 站动环监控系统未能及时上送交流失电告警信息。

24 日 01：05，经现场排查发现：交流屏内 ATS（自动切换装置）故障。通信运维人员按照"先抢通、后修复"原则，将一路交流输入直接接入交流屏母排（绕开故障的 ATS），为通信设备供电。

24 日 01：51，站内通信设备恢复正常运行。

24 日 02：02，5 条 500kV、6 条 220kV 线路保护通道恢复，剩余 2 条 500kV 线路各一套保护通道因传输设备板卡故障尚未恢复。

24 日 08：05，通信运维人员更换 A 站内传输设备故障板卡。

24 日 08：20，受影响保护通道全部恢复正常。

故障时序图如图 5-26 所示。

| 23日22：10 | 23日23：50 | 24日01：05 | 24日01：51 | 24日02：02 | 24日08：05 | 24日08：20 |
|---|---|---|---|---|---|---|
| 通信电源交流失电，蓄电池组供电 | 通信设备失电，13条线路单套保护通道中断；通信调度组织抢修 | 运维人员到达现场，开展抢修工作 | 通信设备恢复正常运行 | 11条线路保护通道恢复 | 更换传输设备故障板卡 | 受影响的保护通道全部恢复正常 |

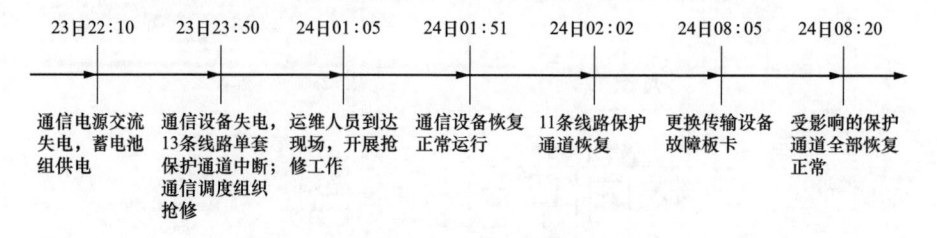

图 5-26 故障时序图

2. 故障主要影响

故障造成 A 站站内一、二、三级网等 8 台传输设备同时失电，进而导致 7 条 500kV 和 6 条 220kV 共 13 条线路单套继电保护通道中断。

四、原因及分析

A 站通信电源交流屏 ATS（自动切换装置）故障是本次故障的主要原因。该 ATS 装置于 2004 年投运，已运行 16 年，装置老化，运行不可靠。通信电源异常后，ATS 未能自动切换成功，使得交流屏无电压输出，造成 A 站通信设备交流电源失电，改由蓄电池组供电。当蓄电池电量耗尽后，通信设备失电，7 条 500kV 线路、6 条 220kV 线路单套继电保护通道中断。

同时，A 站动环监控系统设计不合理是本次故障的次要原因。该动环监控系统交流失电告警采集终端由交流供电，当交流输入中断后，电源监控信号采集终端无法正常工作，未能及时上送交流失电告警信息。

五、启示

1. 暴露问题

（1）现场运维巡视工作不到位。运维巡检人员对通信设备老化导致设备不可靠的问题不够重视，现场巡视巡检工作不到位，未能及时发现 ATS 设备老化隐患，未积极采取措施加以整改。

（2）动力环境监控设计不合理。A 站动环监控系统交流失电告警采集终端由交流供电，当交流输入中断后，电源监控信号采集终端无法正常工作，未能及时上送交流失电告警信息。

2. 防范措施

针对本次故障暴露的问题，重点采取以下措施，杜绝类似故障发生：

（1）强化老旧设备巡视整改力度。针对老旧设备，增加巡视巡检频次，并加大设备升级改造力度，同时应加强通信设备运维管理，围绕通信电源接线方式、蓄电池容量配置、动力环境监测等方面，常态化开展专项隐患排查。

（2）加强动力环境监控系统运行管理。组织开展动力环境系统数据、供电方式和告警信息准确性核查，增加并接入蓄电池启动信号、蓄电池电量低告警等监控信息，消除监控盲区，提高系统实用性。

# 第六章 电网连锁类故障

## 案例 1 "9·8"AB 直流 A 换流站交流短路引发多级连锁故障

### 一、概要

某年 9 月 8 日 10：47，A 换流站 500kV♯61M 交流滤波器母线发生 BC 相接地故障，故障造成 A 换流站♯61M 交流滤波器母线跳闸，同时带跳 4 组交流滤波器，并引起 JK、AB 直流功率大幅波动，EF 直流双极发生换相失败，K 换流站极Ⅰ直流滤波器过负荷保护动作跳闸。

### 二、故障前运行方式

故障前，a 区域电网、b 区域电网处在汛期水电大发方式，S 电厂、Y 左岸电厂、X 电厂均全开满发，JK、AB、EF 直流按最大能力送电，功率分别为 640、720、300 万 kW。AB 直流相关电网接线图如图 6-1 所示。

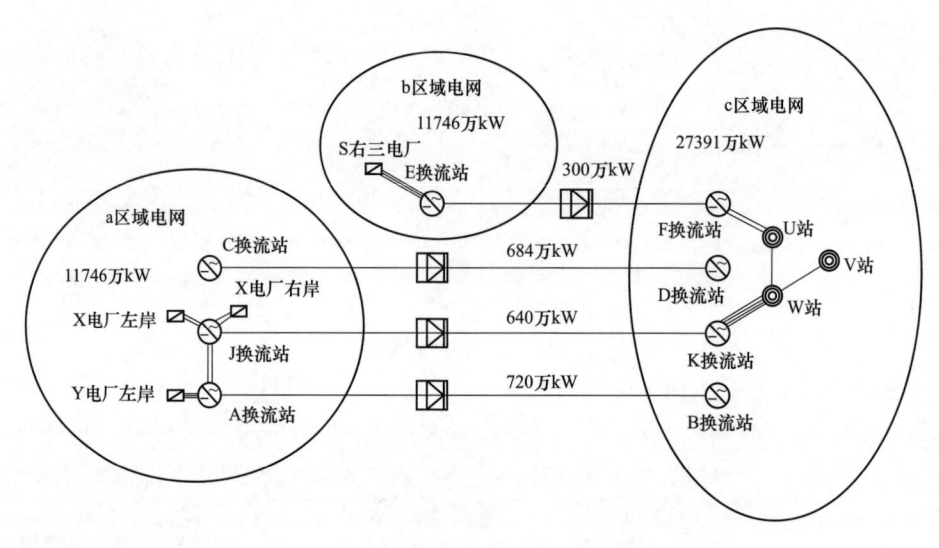

图 6-1　AB 直流相关电网接线图

### 三、故障经过

1. 具体过程

10：47：23：098，a 区域电网 A 换流站 500kV♯61M 交流滤波器母线 BC 相接地故障，AB 直流功率波动 640 万 kW。

10：47：22：148，a 区域电网 A 换流站 500kV♯61M 交流滤波器母线故障切除，带跳 4 组在运交流滤波器，合计 104 万 kvar，交流电压跌至 515kV。受

a区域电网A换流站母线故障影响，J换流站500kV交流母线BC相电压跌落至90kV，a区域电网送c区域电网JK直流功率由720万kW波动至440万kW。

10:47:22:156，因JK直流功率大幅波动，c区域电网K换流站交流电压发生畸变，从520kV降至495kV，K换流站极Ⅰ直流滤波器过负荷保护动作切除。

10:47:23:192，受c区域电网K换流站母线故障影响，F换流站交流电压发生畸变，导致b区域电网送c区域电网直流F换流站双极发生换相失败，EF直流功率波动210万kW。

故障传导时序图如图6-2所示。

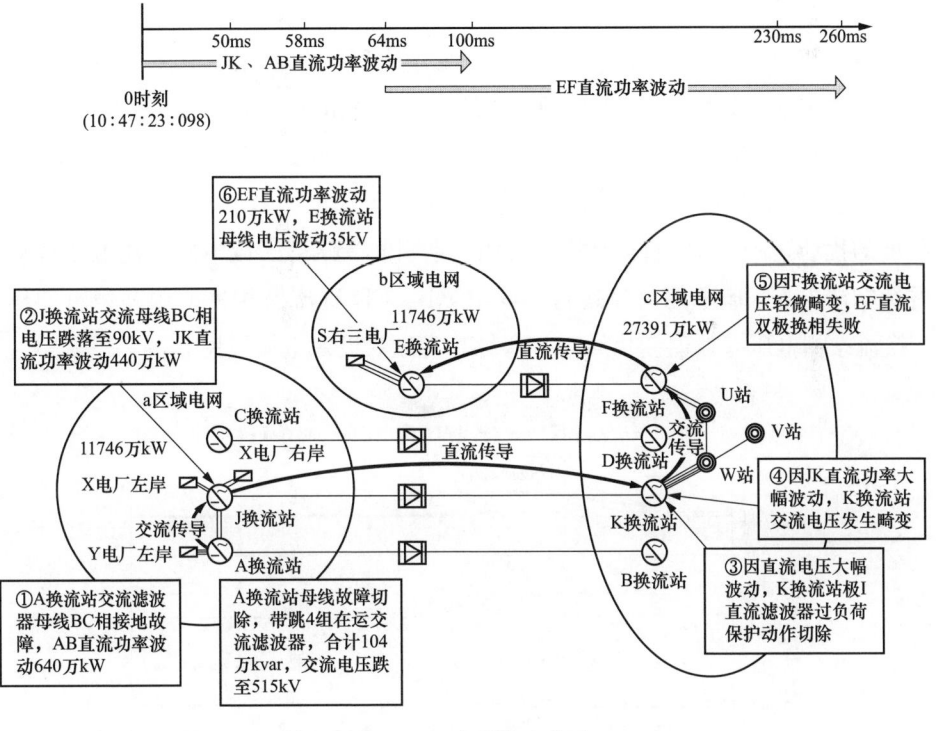

图6-2 故障传导时序图

2. 故障主要影响

故障波及三回直流、三大区域电网。AB、JK、EF三回跨区直流出现最大1280万kW的功率波动，引起送受端交流潮流和电压大幅波动，落点a、b、c区域电网的16回直流均出现不同程度的扰动。本次故障发生在送端水电大发、受端高负荷大开机的方式下，电网稳定水平较高，没有引起稳定破坏等更严重的后果。

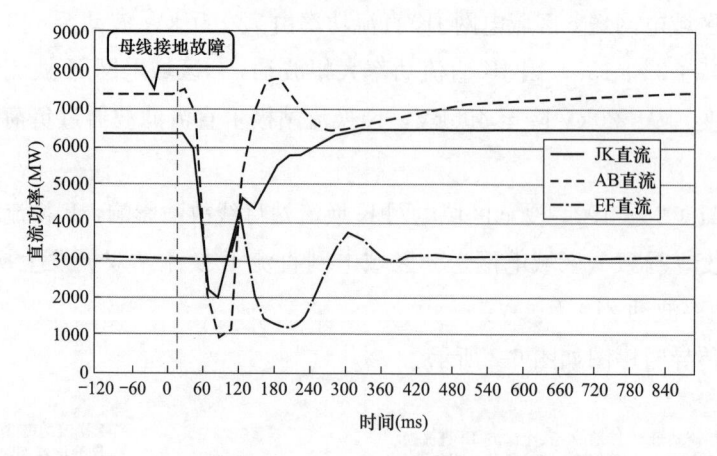

图 6-3 JK、AB、EF 功率扰动时序图

故障波及 AB、JK、EF 三回直流（见图 6-3），A 换流站故障期间，AB 直流功率由 720 万 kW 跌至 80 万 kW，JK 直流功率由 640 万 kW 跌至 200 万 kW。EF 直流换相失败时，功率由 300 万 kW 跌落至 100 万 kW。故障同时影响 a、b、c 三大区域电网（见图 6-4），落点 a、b、c 区域电网的 16 回直流均出现不同程度的扰动，AB、JK 直流功率的大幅波动引起受端 c 区域电网交流电压扰动，并影响馈入 c 区域电网直流运行。其中 AB、CD 直流换相失败预测逻辑动作，F 换流站相电压有效值变化约 35kV，EF 直流双极发生换相失败。

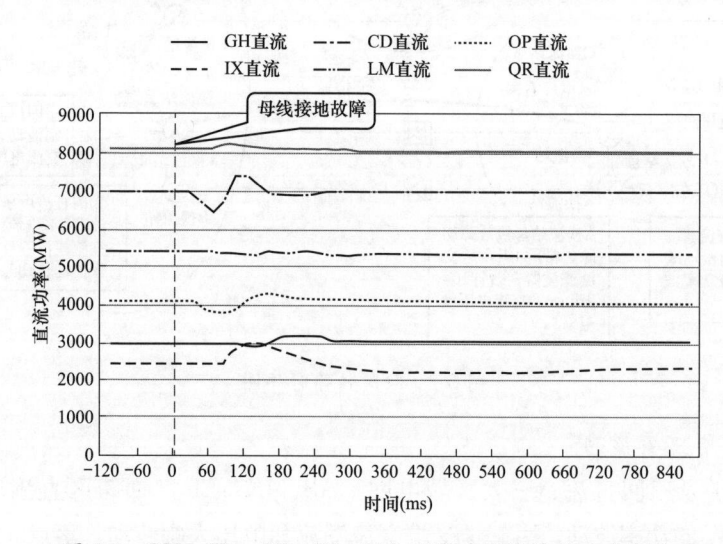

图 6-4 GH、CD、OP、IX、LM、QR 直流故障扰动时序图

### 四、故障原因及分析

**1. A 换流站 500kV ♯61M 母线跳闸原因分析**

A 换流站 500kV♯61M 母线跳闸原因为：现场运维人员进行户外机构箱防雨防潮检查工作中，关闭操动机构箱门时，振动导致接触器误合，造成 A 换流站 56117 地刀 B、C 相带电合闸。现场检查发现 A 换流站 56117 接地刀闸 B 相操作机构合闸接触器触点卡涩、内部弹簧失效所致。

A 换流站交流滤波器母线跳闸，带跳 4 组交流滤波器（104 万 kvar）后，未能自动投入备用滤波器，A 换流站交流电压持续偏低。经查，AB 直流的无功控制逻辑设计中，交流滤波器必须在直流稳态功率变化时才能投切，不适应故障跳闸等需要投切的其他情况。

**2. K 换流站极Ⅰ直流滤波器跳闸原因分析**

经故障录波分析发现，K 换流站极Ⅰ直流滤波器跳闸前，K 换流站极Ⅰ直流电压瞬时值达到 1029kV，直流滤波器首尾端出现明显差流，内部发生了放电。该故障使得 K 换流站极Ⅰ直流滤波器电阻器过负荷保护动作切除直流滤波器（两组直流滤波器跳闸会引发直流极闭锁）。

分析直流瞬时电压高的原因，主要是交流两相接地故障导致直流系统出现大量二次谐波，叠加故障切除后直流电压的恢复过程，产生了较高的直流暂态电压。AB、JK 直流电压均出现了较高的暂态电压，但暂态电压值并未超过 1.7（标幺值 1360kV）设计耐压能力。

**3. 多直流连锁故障情况分析**

本次故障由 A 换流站接地刀闸缺陷引起，在故障连锁过程中，既有送受端直流过于密集等电网结构因素，又有交流滤波器该投未投、换相失败预测性能不足等设备影响。同时，交流故障产生的谐波引起直流异常，又影响到基波的能量传输，连锁过程十分复杂。交流系统在接地故障和直流大功率波动期间仍呈现典型机电过程，直流系统在交流电压变化中有功无功特性由其复杂控制行为主导，进而对交流系统稳定产生显著影响。

AB、JK 直流功率的大幅波动引起受端 c 区域电网交流电压扰动，并影响馈入 c 区域电网直流运行。其中 AB、CD 直流换相失败预测逻辑动作；F 换流站相电压有效值变化约 3kV，EF 直流双极发生换相失败。EF 直流控制保护系统采用老一代技术，受硬件平台限制，采样执行周期长，换相失败预测功能灵敏度不足，在电压扰动情况下更易发生换相失败。据统计，EF 直流发生换相失败次数远超出其他常规直流。

五、启示

（1）要坚决贯彻 $N-1$ 不引起连锁事件的原则，重新审视各个环节。大面积停电故障通常都是由电网连锁反应引起，往往都是若干小事件耦合形成的大故障。只有各个环节都坚强可靠，才能最大程度减少连锁反应，保证整个系统的安全。必须坚决贯彻 $N-1$ 不引起连锁事件的原则，在各个环节上扛起责任、守住阵地，任何一个环节都不能成为故障连锁反应的助推器。

（2）要专项研究送端交流故障引起的直流系统谐波和过电压问题，检视相关设备谐波抑制和过电压耐受能力。本次故障中直流滤波器跳闸的直接原因是送端交流故障产生大量二次谐波，叠加故障后直流电压的恢复，导致直流暂态电压高产生放电。但交流 $N-1$ 故障即引发直流设备跳闸，违反了 $N-1$ 的基本原则，需要对送端交流故障下的直流系统谐波及过电压问题开展专题研究，从滤波设计、耐压设计、实际设备耐压能力、设备性能维护及相关试验、测试完备性方面进行全面检查，找出奉贤站直流滤波器跳闸的根本原因，分析评估同类风险，提出专项解决方案。

（3）要提高一、二次设备可靠性，作为防范连锁故障的重点环节。本次故障暴露出多个一、二次设备缺陷，成为故障产生和扩大的重要原因。特别是直流换流站、重要枢纽站的一、二次设备的缺陷影响大，容易成为跨区大范围连锁反应的助推器。且直流控制系统极其复杂，其逻辑缺陷通常较难发现。需要进一步加强隐患排查和可靠性专项治理。

（4）要进一步优化直流系统设计，降低交直流连锁反应风险。特高压直流输送容量高，故障对系统冲击大。为控制交直流相互作用，需要减少直流系统单一元件故障对交流系统的影响，并且提高直流设备设计裕度和抗扰动能力。例如，本次故障反映出大组交流滤波器故障冲击过大等问题，导致连锁反应扩大。

（5）要合理优化电网结构，控制多直流连锁反应。从本次故障看，送受端多个直流过于密集，是放大故障冲击、加剧连锁反应的重要因素。随着后续跨区直流的建设，在地理上局部密集落点将很难避免，需要以减少连锁反应为设计原则，优化调整电网结构，合理安排直流分群接入，从电气上拉开距离，同时控制多馈入直流规模，降低直流群冲击及多直流间的相互影响。

（6）要提高电网特性认知能力，构建防范连锁故障的安全防线。现代电力系统中电力电子设备的复杂电磁暂态过程与同步电机的机电暂态过程交互影响、特性交织，故障呈现出与传统交流系统完全不同的特征，对特性认知提出更高要求。需要加快仿真认知能力建设，把握连锁故障规律，以此为基础构建电网运行防御体系。

## 案例 2 "2·8"AB 直流双极相继闭锁

### 一、概要

某年 2 月 8 日 06：01：47，AB 直流 B 换流站极Ⅱ高端阀组 800kV 直流穿墙套管外部闪络导致高端阀组差动保护、极Ⅱ极差动保护动作，极Ⅱ闭锁，并启动极Ⅱ低端阀组自动启动逻辑；但因极Ⅱ高端阀组 80212 刀闸辅助接点传动机构卡涩，导致直流控保系统误判极Ⅱ高端阀组隔离不成功，因此极Ⅱ低端阀组自动启动失败，AB 直流转为极Ⅰ单极大地回线运行。随后 06：14：26 和 06：18：25 时刻，A 换流站极Ⅰ高端和低端由于换流变饱和保护动作导致双阀组相继闭锁。

### 二、故障前运行方式

故障前，a 区域电网、b 区域电网处在交流联网方式，AB 直流送电方向为 c 区域电网送 a 区域电网，送电功率为 447.9 万 kW。AB 直流相关电网接线图如图 6-5 所示。

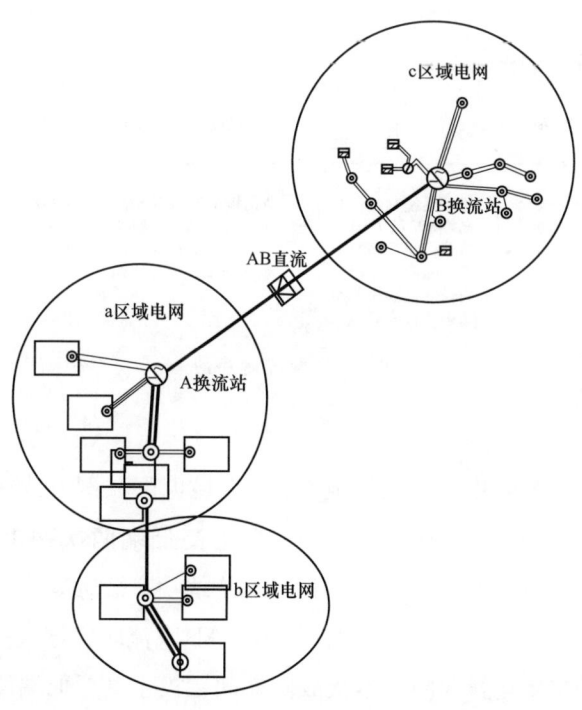

图 6-5　AB 直流相关电网接线图

### 三、故障经过

1. 具体过程

2023年2月8日06：01：38，B换流站极Ⅱ高端阀组穿墙套管放电，极Ⅱ高端换流器三套阀组差动保护、极Ⅱ三套差动保护动作，极Ⅱ闭锁，极Ⅰ转带全部功率（故障前正按计划升功率，输送功率448万kW），故障后入地电流5965A（接地极引线过负荷保护动作值7125A）。

06：03：28，极Ⅱ闭锁后，B换流站80212刀闸因辅助接点传动机构卡涩导致分闸信号未到位（实际已拉开），极控系统判断极Ⅱ高端80212刀闸未拉开，极Ⅱ高端未有效隔离，自动重启极Ⅱ低端换流器逻辑执行失败。

06：14：26，A换流站极Ⅰ高端换流器换流变隔直装置未动作，导致换流变套饱和保护动作，极Ⅰ高端换流器闭锁，闭锁后极Ⅰ低端转带部分功率（转带至303万kW，持续3s），c区域电网高频紧急控制系统未动作（动作门槛200万kW）。

06：18：25，A换流站极Ⅰ低端换流器换流变隔直装置未动作，导致换流变压器饱和保护动作，极Ⅰ低端换流器闭锁（闭锁前功率267万kW），c区域电网高频紧急控制系统动作（动作门槛200万kW），切除该区域某省风电67万kW。

整体故障过程如图6-6所示。

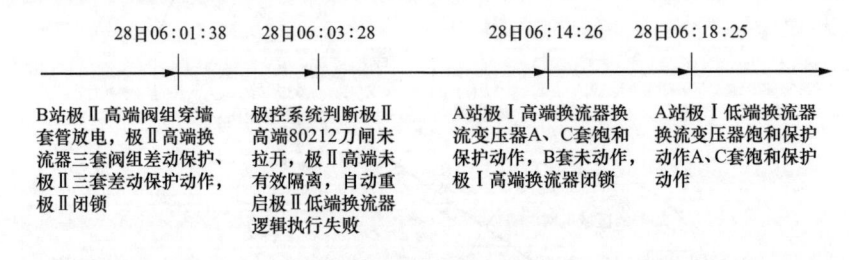

图6-6 故障时序图

2. 故障主要影响

对受端电网影响：由于a区域电网、b区域电网联网方式运行，整体规模较大，直流闭锁对电网频率影响较小，极Ⅰ高低端两次冲击频率波动均在0.02～0.03Hz。直流故障造成跨区、跨省联络线功率短时波动。

对送端电网影响：c区域电网规模较小，AB直流闭锁导致的频率问题一直是c区域电网的主要运行风险。本次故障期间，极Ⅰ高、低端两次闭锁分别造成c区域电网频率上升0.14、0.17Hz，最高上升至50.24Hz，频率超过

50.2Hz持续时间约10s。

### 四、故障原因及分析

1. 安控动作情况分析

AB直流极Ⅱ闭锁时，直流未损失功率，因此送受端安控系统未动作；极Ⅰ高端闭锁时，瞬时损失160万kW，3s后短时过负荷能力用尽，损失功率38万kW，合计损失功率198万kW，未达到安控动作定值（送端定值200万kW，受端定值490万kW），安控系统未动作；极Ⅰ低端闭锁时，损失功率262万kW，达到送端安控定值，安控动作切除风电62万kW。

2. B换流站套管闪络和刀闸卡涩分析

故障时刻现场有大雾，能见度小于50m，环境温度为0℃，相对湿度100%。分析闪络原因为在低温、高湿环境下，套管中部伞裙憎水性下降明显，套管外绝缘憎水性分布不均匀造成套管电压分布不均匀，最终导致不均匀外绝缘闪络。

B换流站80212刀闸卡涩分析：①该型号产品存在结构设计缺陷，限位板压紧螺母防松动措施不完善，存在运行振动松脱的隐患；②80212刀闸厂内装配过程中未执行标准工艺要求，合闸缓冲器压紧螺母未紧固到位，导致限位板无法正确压缩合闸微动开关，合闸信号未消失。

3. A换流站饱和保护动作分析

A换流站换流变压器保护动作的原因本质上是因为换流变隔直装置没有可靠动作。经查，隔直装置石墨间隙被击穿是隔直装置未正确动作的原因。

A换流站中性点隔直装置石墨间隙初始放电时刻为06：07：30，对应的换流变中性点电流峰值为93A，根据换流变压器厂家提供的换流变压器偏磁电流和中性点电流峰值的换算关系可得该时刻流入换流变的直流分量不大于30A（6台之和），计算此时间隙电压不超过200V（整定值1kV），远小于隔直装置石墨间隙击穿电压1.0kV，由此可见石墨间隙实际击穿电压过小，与设计击穿电压不符。

### 五、启示

（1）要重视分析送受端电网安控动作策略，建议重点关注各个策略逻辑的合理性和适应性，研究明确不同安控动作策略对送受端电网的冲击影响。

（2）要重视分析异常气象条件下电网设备的安全运行要求，随着极端气候的出现愈发频繁，建议重点关注设备运行工况变化的适应性，研究分析在不同气象条件下设备的安全运行要求和运维要求的具体化措施。

（3）要重视分析换流变中性点隔直装置的可靠性，本次 A 换流站中性点隔直装置石墨间隙发生击穿现象，与石墨间隙在较低电压下击穿原因与间隙的离散性、石墨材质、谐波电压等因素有关，后续需进一步开展机理分析。

# 第七章　电网功率波动类故障

## 案例 1　"12·2"某电网 500kV E 电厂 2 号机组因励磁系统异常发生功率波动

### 一、概要

某年 12 月 2 日 13：22～13：24，13：28～13：30，某电网 E 电厂 2 号机组发生两次功率大幅波动，有功功率波动范围为 15 万～60 万 kW，无功功率波动范围为－10 万～25 万 kvar，振荡频率为 1.2～1.5Hz，2 号机组大幅度的功率波动不仅引发了 E 电厂其他运行机组 4 万～5 万 kW 幅度的功率波动，还导致了某电网北部地区的 500kV 线路潮流、电压出现小幅度的波动，增加了系统振荡风险，给电网安全稳定运行带来不利影响。

### 二、故障前运行方式

事件发生前，E 电厂 2 号、3 号、5 号三台机组运行，功率分别为 38、48、74 万 kW。三台机组 AGC、AVC、一次调频、PSS 均正常投入。故障前 E 电厂运行方式图如图 7-1 所示。

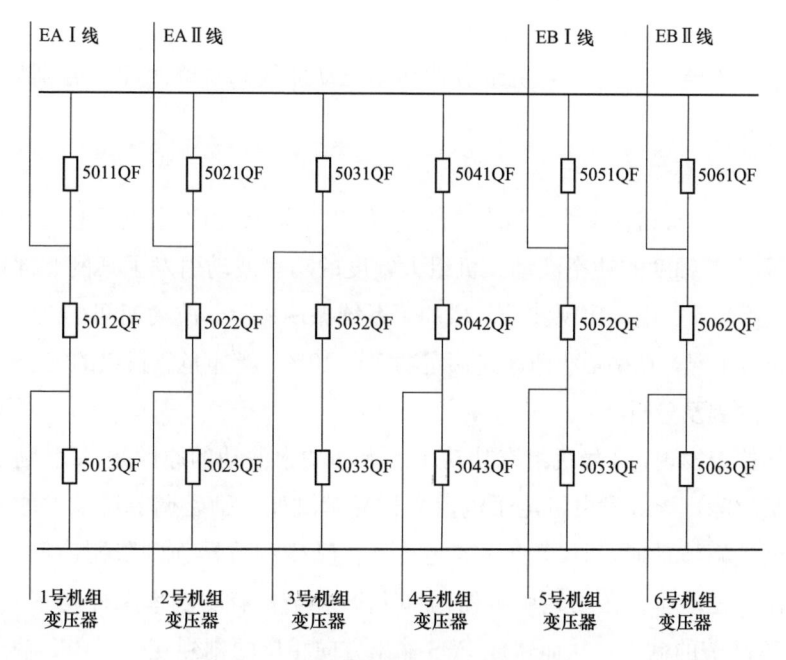

图 7-1　故障前 E 电厂运行方式图

### 三、故障过程

1. 具体经过

2019年12月2日13∶22∶45～13∶24∶38，E电厂2号机组发生功率大幅波动，有功功率波动范围为15万～60万kW，无功功率波动范围为－10万～25万kvar，波动频率为1.2～1.5Hz。波动短暂平息后，现场组织专业人员检查原因并加强监视。13∶28∶45～13∶30∶12，E电厂2号机组再次发生功率波动，波动特征与第一次基本相同。

E电厂2号机组两次功率波动期间，E电厂3号、5号机组及近区机组出现有功小幅波动，3号、5号机组有功波动范围分别为45万～49万kW、71万～76万kW，无功波动范围分别为－4万～2万kvar、－8万～－1万kvar)。

2日13∶32，退出E电厂2号机组AGC与AVC，将功率减至最低功率30万kW。

2日13∶43，退出E电厂全厂AGC，将2号、3号、5号机组功率均减至最低功率，退出E电厂一次调频。

2日13∶57，退出E电厂全厂AVC，同时现场将2号机组AVR控制方式由自动方式切至手动方式。

2日13∶58，E电厂功率波动平息。

E电厂2号、3号、5号机组有功功率波动曲线和故障时序图分别如图7-2和图7-3所示。

2. 故障主要影响

E电厂2号机组功率波动最大范围超过40万kW，引发了电厂其他运行机组4万～5万kW幅度的功率波动。机组大幅度的功率波动引发了某网北部地区的500kV线路潮流、电压出现波动，增加了系统振荡风险。波动期间，机组持续运行在不正常工况，功率最大值超过额定功率近10%，严重危害机组的安全运行。

### 四、原因及分析

现场检查发现，2号机组有功功率、无功功率波动的原因是A套励磁调节器测量板故障，导致发电机定子电流采样异常跳变。励磁调节器采样的发电机定子电流大幅波动时，计算功率随之波动，励磁调节器强励限制、低励限制、过励限制反复动作。在励磁调节器内部PSS环节，有功功率采样功率变化ΔP作为PSS环节的输入，从而造成PSS输出方向相反的剧烈变化（PSS输出信号的限幅为±5%）。PSS信号叠加到控制电压上，导致励磁电压和励磁电流变化，

第七章 电网功率波动类故障

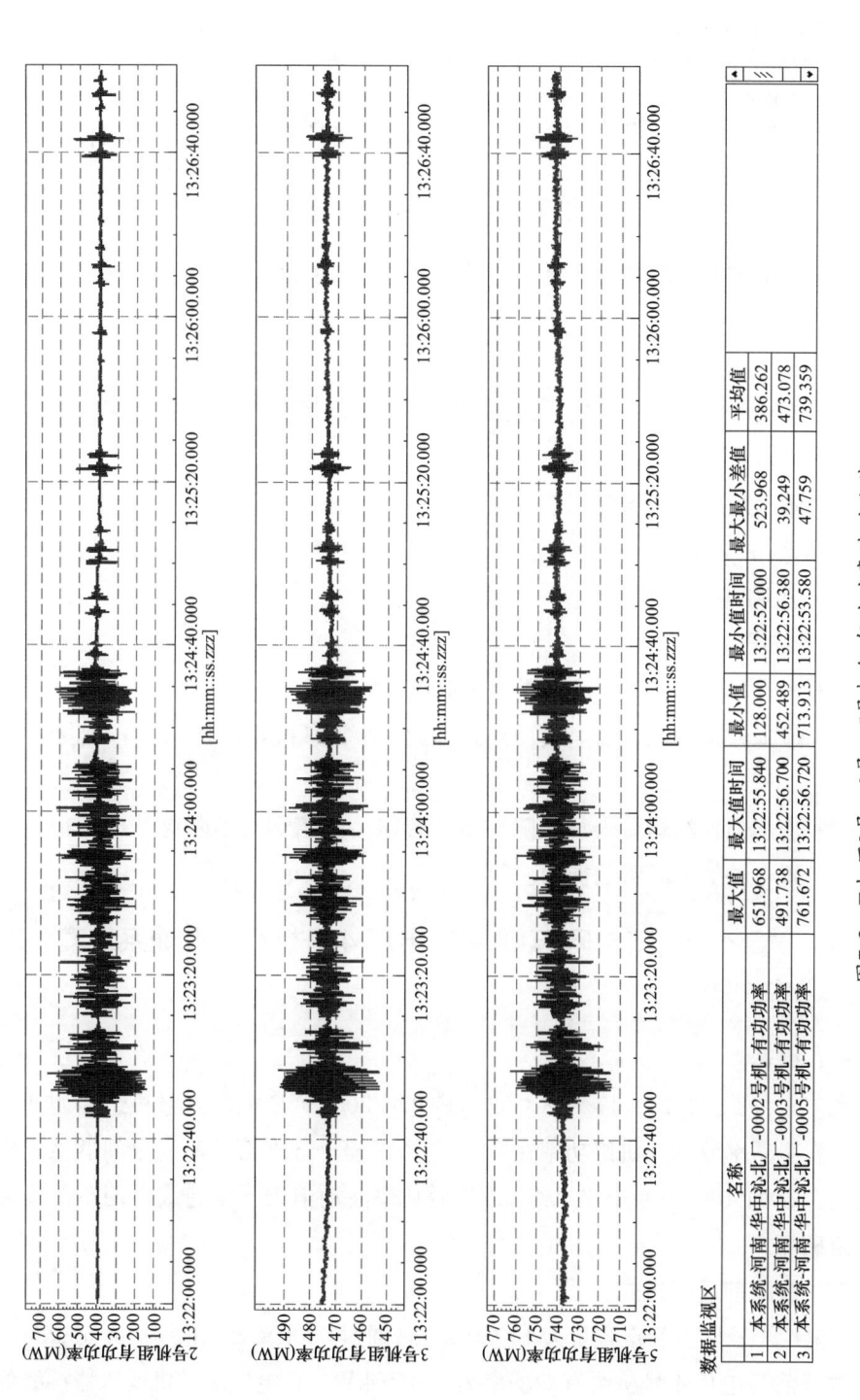

| | 名称 | 最大值 | 最大值时间 | 最小值 | 最小值时间 | 最大最小差值 | 平均值 |
|---|---|---|---|---|---|---|---|
| 1 | 本系统-河南-华中沁北厂-0002号机-有功功率 | 651.968 | 13:22:55.840 | 128.000 | 13:22:52.000 | 523.968 | 386.262 |
| 2 | 本系统-河南-华中沁北厂-0003号机-有功功率 | 491.738 | 13:22:56.700 | 452.489 | 13:22:56.380 | 39.249 | 473.078 |
| 3 | 本系统-河南-华中沁北厂-0005号机-有功功率 | 761.672 | 13:22:56.720 | 713.913 | 13:22:53.580 | 47.759 | 739.359 |

图7-2 E电厂2号、3号、5号机组有功功率波动曲线

129

```
2日13:22~13:30        2日13:30           2日13:43              2日13:57~13:58
────┼──────────────────┼──────────────────┼──────────────────────┼────
E电厂2号机组功率      退出E电厂2号机组AGC、  退出E电厂全厂AGC,      退出E电厂全厂AVC,
异常大幅波动告警      调减出力至30万kW      2号、3号、5号机组出    退出2号机组AVR控
                                          力减最低,退出机组     制方式,波动消失
                                          一次调频
```

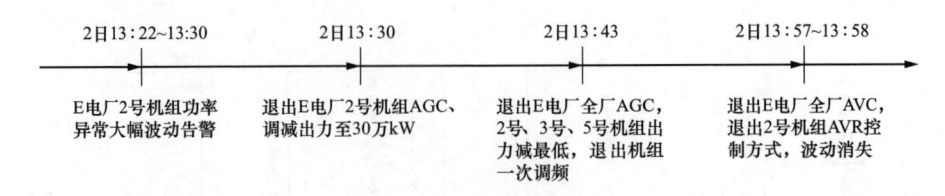

图 7-3 故障时序图

励磁电压和励磁电流的剧烈变化又造成实际功率的大幅波动。

### 五、启示

**1. 暴露问题**

（1）本次故障暴露出二次系统采样不可靠等问题会严重扰乱相应控制系统的控制行为，导致一次设备运行异常。

（2）本次故障暴露出现场运行人员故障处置经验不足。励磁系统故障引发的机组功率波动异常，应急处置时按现场规程第一时间应退出机组 AGC、AVC、一次调频等涉网功能。

**2. 防范措施**

针对本次故障暴露的问题，重点采取以下措施：

（1）应加强励磁调节器等电子元件的更新维护和复核性试验，确保可靠运行。

（2）应加强现场运行人员故障应急处置能力的培训，不断提升现场运行人员紧急处置各种故障异常的能力。

## 案例 2  "3·27"某电网 500kV E 电厂 4 号机组因调速系统发生功率波动

### 一、概要

某年 3 月 27 日 17：41～18：02，某电网 500kV E 电厂 4 号机组因调速系统异常发生功率波动，机组功率在 74.8 万 kW 至 105.8 万 kW 间呈间歇性不规则波动，27 日 18：03，退出机组 AGC 后功率波动消失，未造成电网负荷损失和稳定破坏。

### 二、故障前运行方式

E 电厂 4 号机组额定容量为 100 万 kW，通过 500kV EA Ⅱ线接入 500kV A 站，故障前 E 电厂 4 号机组有功功率为 100 万 kW。E 电厂 4 号机变压器接线如图 7-4 所示，E 电厂近区运行方式如图 7-5 所示。

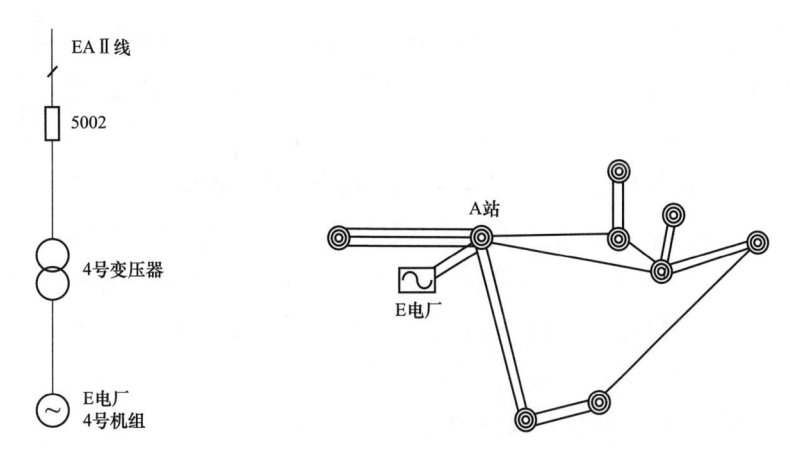

图 7-4　E 电厂 4 号机变压器接线图　　图 7-5　故障前 E 电厂近区运行方式

### 三、故障过程

1. 具体经过

E 电厂 4 号机组配置 2 个高压主蒸汽调门（1 号、2 号高压主蒸汽调门）。通过 1 号、2 号高压主蒸汽调门开度的改变，调节汽轮机蒸汽流量，进而调节机组有功功率。

27 日 17：41～18：02，机组功率共出现 8 次波动，具体情况如下：

27 日 17：41：46，机组功率 96.5 万 kW，1 号、2 号高压调门初始开度 43%，高压调门开度最大波动至 59%，最小开度波动至 39%，机组功率最大波动至 99.7 万 kW，最低波动至 92.7 万 kW，17：42：10 自动恢复正常。

27 日 17：43：17，机组功率 94.2 万 kW，1 号、2 号高压调门初始开度 36%，高压调门开度最大波动至 58%，最小开度波动至 30%，机组功率最大波动至 104.4 万 kW，最低波动至 82.4 万 kW，17：43：53 自动恢复正常。

27 日 17：45：12，机组功率 93.3 万 kW，1 号、2 号高压调门初始开度 35%，高压调门开度最大波动至 53%，最小开度波动至 25%，机组功率最大波动至 105.8 万 kW，最低波动至 74.8 万 kW，17：46：25 运行人员解除机组协调采用手动方式控制，17：46：35 机组功率稳定。

27 日 17：54：14，机组功率 92 万 kW，1 号、2 号高压调门初始开度 34%，高压调门开度最大波动至 50%，最小开度波动至 29%，机组功率最大波动至 102.7 万 kW，最低波动至 75.8 万 kW，17：55：01 恢复正常。

27 日 17：56：11，机组功率 91.2 万 kW，1 号、2 号高压调门初始开度

34%，高压调门开度最大波动至53%，最小开度波动至30%，机组功率最大波动至99.9万kW，最低波动至82.2万kW，17:56:51恢复正常。

27日17:58:57，机组功率87.7万kW，1号、2号高压调门初始开度41%，高压调门开度最大波动至47%，最小开度波动至34%，机组功率最大波动至93.3万kW，最低波动至81.9万kW，17:59:20恢复正常。

27日17:59:51，机组功率86.6万kW，1号、2号高压调门初始开度44%，高压调门开度最大波动至47%，最小开度波动至33%，机组功率最大波动至94.2万kW，最低波动至81万kW，18:00:38恢复正常。

27日18:01:18，机组功率86万kW，1号、2号高压调门初始开度47%，高压调门开度最大波动至47%，最小开度波动至34%，机组功率最大波动至91万kW，最低波动至80万kW，18:01:54恢复正常。

27日18:03，退出E电厂4号机组AGC，机组功率降至85万kW后，功率波动消失。

27日19:23，E电厂4号机组有功功率降至45万kW（最小技术功率）。

故障时序图如图7-6所示。

图7-6 故障时序图

2.故障主要影响

故障期间，某电网发电能力下降55万kW，总体备用充足，未影响供电，网内其余设备运行正常。电厂对侧A站500kV母线电压为537～538kV，无明显波动。

四、原因及分析

（1）E电厂4号机组调速系统参数配合不当，机组功率较高时，高压主蒸汽调门开度与蒸汽流量呈非线性关系，导致机组功率调节控制效果不理想，功率升降过程不稳定。4号机组负荷波动时调门开度正好处在阀门流量特性的拐点，引起调门振荡，造成实际负荷波动较大。

（2）E电厂4号机组设置的一次调频的调频系数偏大，一次调频逻辑中负荷控制器的负荷前馈值设定为27，导致控制系统增益较高，稳定性相对较差，波动发生后，前馈值整改为20。

### 五、启示

1. 暴露问题

本次故障反映出机组参数配置不当、网源协调性欠佳，造成机组负荷调整过程中出现功率波动。

2. 防范措施

针对本次故障暴露的问题，重点采取以下措施：

应强化网源协调工作，开展机组调速系统参数整改，定期进行机组参数复核优化试验，确保各项技术指标满足火力发电机组一次调频试验验收要求，从源头上消除可能导致机组功率波动的隐患。

## 案例3 "4·15" 500kV某电网E电厂1号机组因人员误操作引发功率波动

### 一、概要

某年4月15日10:17:28，500kV E电厂1号机组因调试人员误拉开机组出口电压互感器二次空气开关，汽轮机功率负荷不平衡保护动作，发电功率由90万kW突降至0，随后14s内机组功率再次发生两次回升与突降，45s后机组功率恢复至90万kW。故障造成跨区交流联络线CN线、省间联络线功率出现较大波动，a区域电网频率最低降至49.94Hz。

### 二、故障前运行方式

故障前E电厂近区电网运行方式如图7-7所示。

500kV E电厂共2台机组，装机容量均为105万kW，通过500kV EA双回线接入500kV A站。E电厂1号机组故障前发电功率90万kW，运行正常。E电厂2号机组未并网运行。

故障发生前，跨区联络线1000kV CN线送电功率为b区域电网送a区域电网179万kW，乙丙省间断面丙网送乙网输送功率为139万kW，甲乙省间断面乙网送甲网输送功率为29万kW。

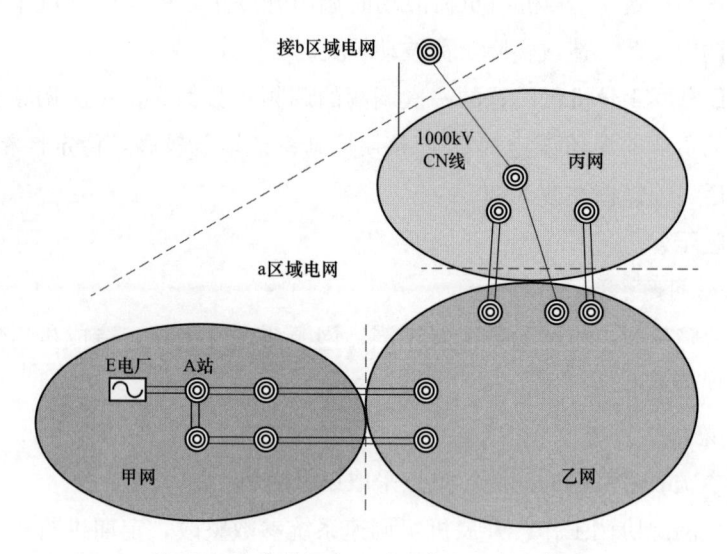

图 7-7 故障前 E 电厂近区电网运行方式图

### 三、故障过程

1. 具体经过

15 日 10：17：28，E 电厂 1 号发电机出口电压互感器二次空气开关被误拉开，汽轮机功率负荷不平衡保护动作，汽机调门关闭至 0，1 号机发电功率由 90 万 kW 突变为 0。

15 日 10：17：28～10：17：42，汽轮机功率负荷不平衡保护再动作两次（该保护动作时间持续 2s，然后汽机调门打开以维持汽机转速，持续时间 1s 多，由于 DCS 显示的机组发电功率仍然为 0，该保护会再次动作），机组发电功率相应发生两次回升与突降。

电厂送出线路有功功率曲线如图 7-8 所示。

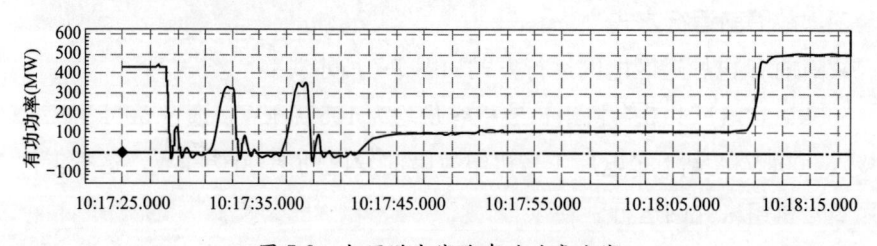

图 7-8 电厂送出线路有功功率曲线

15 日 10：17：42，E 电厂调试人员意识到操作错误后，合上 1 号发电机出口电压互感器二次空气开关，DCS 显示的机组发电功率与机组实际功率一致，汽轮机功率负荷不平衡保护不再动作，机组发电功率开始恢复。

15 日 10：18：13，E 电厂 1 号机组发电功率恢复至 90 万 kW。

故障时序图如图 7-9 所示。

| 15日10:17:28 | 15日10:17:28～10:17:42 | 15日10:17:42 | 15日10:18:13 |
|---|---|---|---|
| 1号发电机出口电压互感器二次空气开关被误拉开，出力由90万kW降至0 | 汽轮机功率负荷不平衡保护再动作两次，机组出力发生两次回升与突降 | 人员意识到操作错误，合上空气开关，机组发电功率开始恢复 | 1号机发电功率恢复至90万kW |

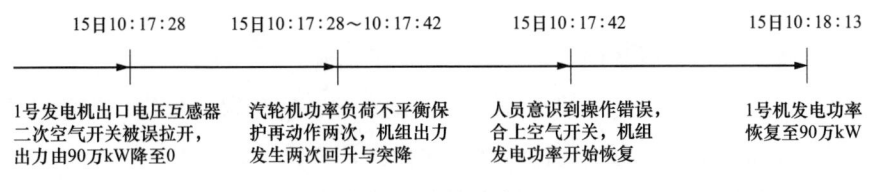

图 7-9　故障时序图

2. 故障主要影响

故障造成甲网 ACE 大幅波动，缺额功率通过甲乙省间断面、乙丙省间断面、跨区联络线 CN 线大范围转移，甲、乙、丙三省电网部分线路潮流发生较大变化，故障造成 a 区域电网－b 区域电网联络线 1000kV CN 线功率由 179 万 kW 最大波动至 315 万 kW，甲乙省间断面功率由 29 万 kW 波动至 140 万 kW，a 区域电网电网频率最低降至 49.94Hz。

四、原因及分析

经查，故障发生时，E 电厂 2 号机组调试人员走错间隔，误拉开运行的 1 号发电机出口电压互感器二次空气开关，其在操作后听到机组运行声音异常后又再次合上该空气开关。E 电厂 1 号发电机出口电压互感器二次空气开关拉开期间，DCS 系统采集到的发电机发电功率值为零，汽轮机功率负荷不平衡保护满足动作条件累计动作 3 次。该保护的三个发电机功率信号均取自同一组电压互感器和电流互感器回路，当电压互感器或电流互感器回路出现故障时，三个功率信号均受影响，造成汽轮机功率负荷不平衡保护误动。

综上，E 电厂 1 号机组功率波动的直接原因是调试人员走错间隔，误拉 1 号发电机出口电压互感器的二次空开，导致 1 号发电机的功率负荷不平衡保护非正确动作。间接原因为汽轮机功率负荷不平衡保护缺少防误措施，导致单组电压互感器或电流互感器出现故障异常时保护误动。

五、启示

1. 暴露问题

（1）本次故障暴露出调试人员工作中的失误，工作前未核对工作地点与工作票所列的工作内容是否一致，擅自扩大工作范围，未确认设备名称及编号的问题。

（2）本次故障暴露出设备生产厂家设计的汽轮机功率负荷不平衡保护存在缺陷的问题。当电压互感器/电流互感器回路故障时，因防误措施缺失导致保护误动，并造成机组功率波动。

2. 防范措施

针对本次故障暴露的问题，重点采取以下措施：

（1）发电企业应提高一线工作人员安全意识，完善警示标志，严格执行两票三制，确保安全措施落实到位，严防误操作，避免人员责任。

（2）应制定汽轮机功率负荷不平衡保护针对电压互感器/电流互感器回路故障的防误措施，避免类似故障再次发生。

# 第八章 国外大停电故障

## 案例1 "8·9"英国大停电

### 一、概要

某年8月9日16:52,由于英国电网一回400kV线路因雷击故障跳闸,系统发生连锁故障。部分火电机组、海上风电和分布式电源与系统断开,电源出力损失超过187万kW,频率骤降至48.8Hz,触发低频减载动作,导致全网约93万kW的负荷被切除。此次故障波及英格兰和威尔士的大部分地区,约110万人受到停电影响,部分铁路、机场和医院的供电中断。由于停电发生在周五下班高峰时段,交通设施如火车、机场和公路陷入瘫痪。同时,伦敦多地遭遇暴雨天气,各地出现严重混乱。9日17:06,系统恢复正常运行,脱网负荷开始重新并网。9日17:37,所有因故障停电的负荷全部恢复供电。

### 二、故障前运行方式

截至2018年,英国电网的总装机容量为9582万kW。发电构成包括燃气发电、风电、光伏发电、煤电、核电、水电和生物质发电等多种类型,如图8-1所示。其中,燃气机组装机容量为2721万kW,占整个电网的28.39%;风电装机容量为1822万kW,占比19.01%;光伏装机容量为1247万kW,占比13.02%;煤电装机容量为1091万kW,占比11.39%;核电装机容量为897万kW,占比9.37%。

英国电力系统的工频为50Hz,英

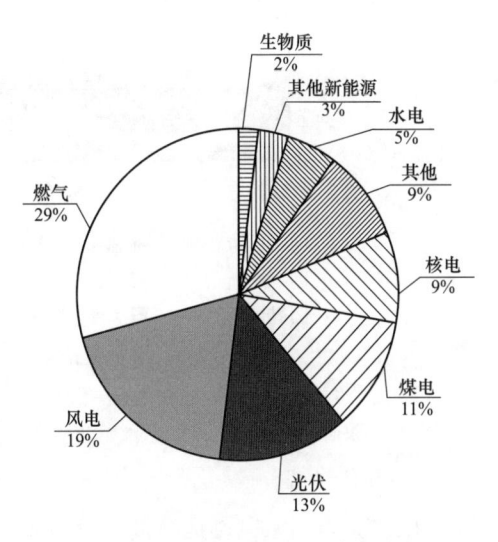

图8-1 2018年英国电网装机构成

国电网通过5回直流线路与周围电网连接,其额定输送功率为640万kW。主要的跨境联络线包括与法国的IFA、荷兰的BritNed、爱尔兰的EWIC和Moyle以及比利时的NEMO。英国电力系统按地理分布可以分为三大系统:英格兰和威尔士系统、苏格兰系统以及北爱尔兰系统。

根据英国的国家电力输电系统安全与供电质量标准（national electricity transmission system security and quality of supply standard，SQSS）对电网频率的控制要求，系统稳态频率需要控制在49.5~50.5Hz，而暂态期间频率高于50.5Hz或低于49.5Hz的时间不得超过60s。这意味着系统应具备抵御100万kW功率损失的能力。在故障发生前，英国英格兰和威尔士地区发布了气象黄色预警，并伴有雷电。

故障发生当日，英国输电网的并网电源容量为3213万kW。其中，风电的容量占比超过30%，而常规电源的容量占比约为50%。当时，英国电网的负荷约为2900万kW。电力的来源构成为：风电为30%，燃气为30%，核电为20%，跨国输电为10%，其他水电、抽蓄、燃煤和生物质能发电为10%，8月9日英国发电组成情况如图8-2所示。

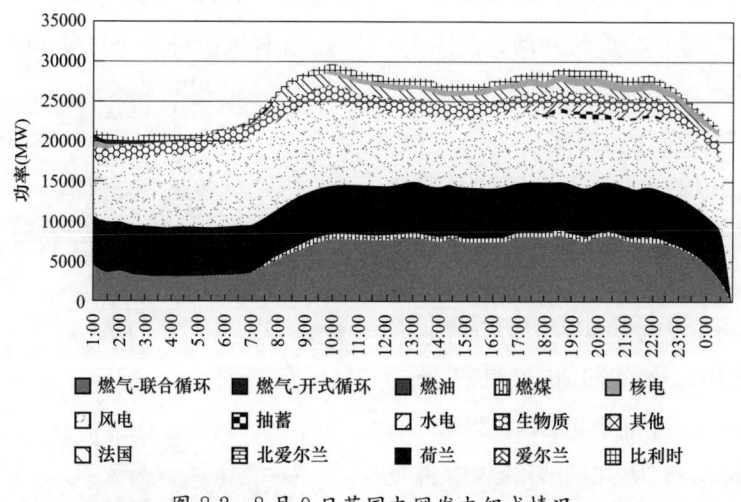

图8-2 8月9日英国电网发电组成情况

### 三、故障经过

1. 具体过程

根据英国国家电网运营商（National Grid ESO）发布的"8·9"故障技术报告，本次电力系统故障的关键时间节点及事件发展如下：

16：52：33.490，怀蒙德利-伊顿索肯（Wymondley-Eaton Socon）线路发生单相接地故障，70ms（16：52：33.560）和74ms（16：52：33.564）后，该线路两侧开关断开，切除故障线路。故障导致矢量偏移保护动作，配电网中的分布式电源损失出力约15万kW。

16：52：33.835，霍恩西（Hornsea）海上风电场的出力骤降至 6.2 万 kW，损失出力约 73.7 万 kW。

16：52：34，小巴福德（Little Barford）电厂汽轮机跳闸，损失出力约 24.4 万 kW，系统总损失出力达到 113.1 万 kW，系统频率快速下跌，触发频率变化率保护机制动作，配电网中的分布式电源进一步损失出力约 35 万 kW，系统总损失出力达到约 148.1 万 kW。

16：52：44，系统频率响应增加出力超过 65 万 kW。

16：52：53，怀蒙德利-伊顿索肯（Wymondley-Eaton Socon）线路执行延时自动重合闸（DAR），重新接入电网恢复运行。

16：52：58，在频率响应措施的作用下，系统频率被控制在 49.1Hz，避免了进一步的大幅度跌落。

16：53：18，借助频率响应措施（包括储能设施）增加出力总计约 90 万 kW，系统频率恢复至 49.2Hz。

16：53：31，小巴福德（Little Barford）电厂燃气机组 GT1a 跳闸，损失出力 21 万 kW，系统损失出力增加至 169.1 万 kW，系统全部频率响应措施均已投入频率支撑。

16：53：49.398，系统频率跌落至 48.8Hz，触发低频减载动作，切除约 93.1 万 kW 的负荷以防止更严重的频率崩溃。

16：53：58，小巴福德（Little Barford）电厂燃气机组 GT1b 跳闸，损失出力 18.7 万 kW，系统损失出力达到 187.8 万 kW。

16：54：20，调度向发电厂下达恢复系统频率和响应能力的指令，以使系统尽快恢复额定频率。

16：57：15，在超过 100 万 kW 的频率响应和 124 万 kW 的调度操作后，系统频率逐步恢复至 50Hz。

16：58～17：16，脱网负荷开始重新并网，系统恢复正常运行。

17：37，故障停电负荷已全部恢复供电。

英国电网 8·9 故障频率曲线及事件记录如图 8-3 所示。

2. 故障主要影响

在当地时间 16：52，400kV 的怀蒙德利-伊顿索肯（Wymondley-Eaton Socon）线路遭受雷击，引发单相接地故障。仅仅 1s 内，霍恩斯（Hornsea）海上风电场和小巴福德（Little Barford）火电厂的部分机组几乎同时与系统解列，

图 8-3 英国电网 8·9 事故频率曲线及事件记录

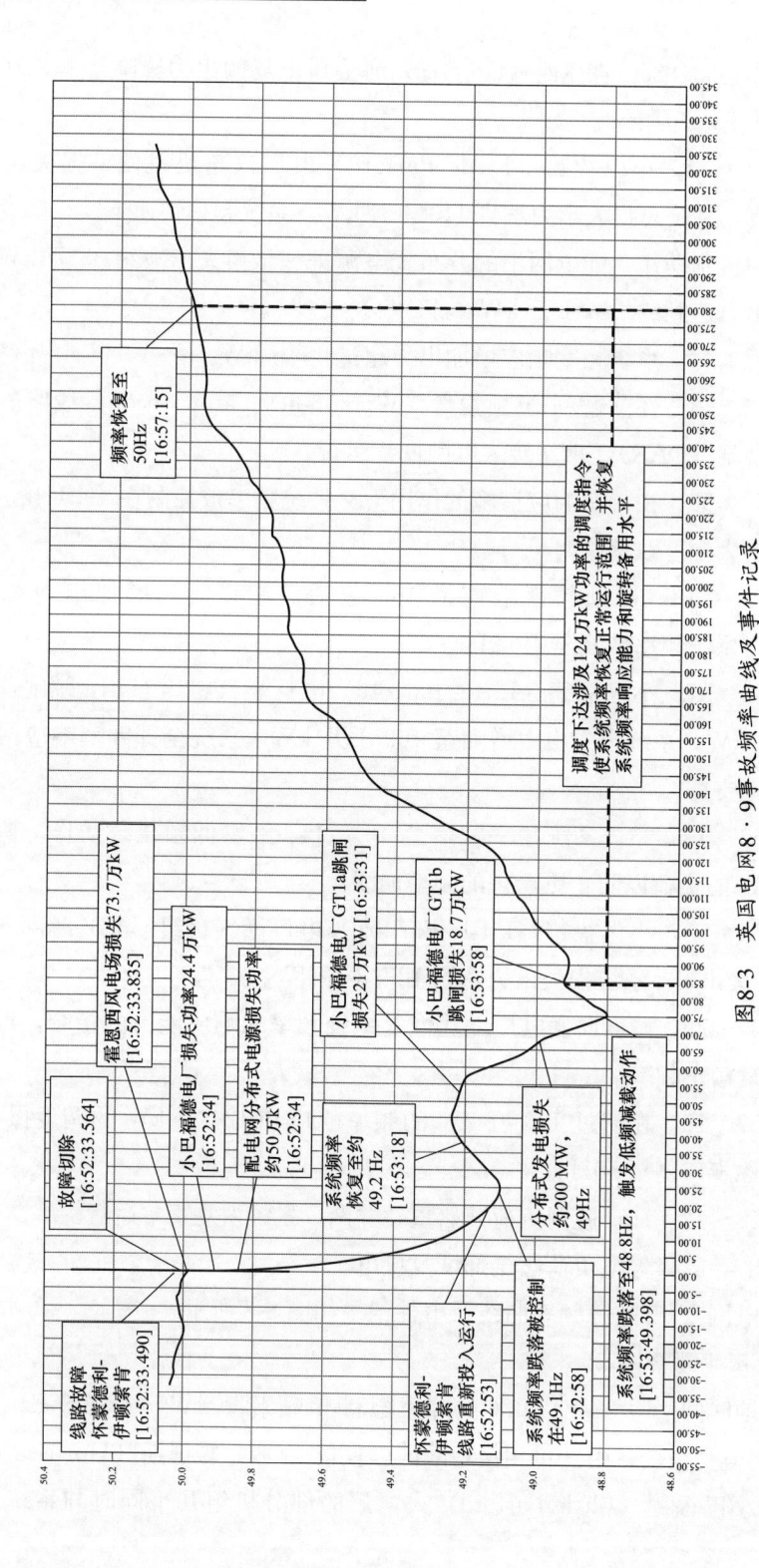

损失出力 98.1 万 kW。此外，由于频率变化率保护和矢量偏移保护动作，约 50 万 kW 的分布式电源脱网。系统损失出力达到约 148.1 万 kW，超过了系统预留的频率响应能力（100 万 kW）。因此，系统频率迅速跌落到 49.1Hz，超出了频率合格下限。

随后，系统频率在系统频率响应措施实施后，达到 49.2Hz，但在大约 50s 后，系统频率再次开始下降。此时，小巴福德（Little Barford）电厂的燃气机组 GT1a 也脱网，损失了 21 万 kW 的功率。最终，系统频率跌至 48.8Hz，触发了首轮低频减载系统动作，导致全网约 93.1 万 kW 的负荷被切除。随后系统发用电逐渐恢复平衡，频率开始回升。4min45s 后，系统频率首次恢复至 50Hz，从而避免了全网崩溃。尽管如此，仍有约 20 万 kW 的分布式发电用户在系统频率跌至 49Hz 以下时发生脱网。

**四、故障原因及分析**

在 8·9 故障中，根据英国国家电网发布的报告，怀蒙德利-伊顿索肯线路的单相接地跳闸是故障的直接原因。此外，霍恩西海上风电场、小巴福德电厂以及分布式电源的脱网也是导致故障扩大的重要因素。电厂及分布式电源的脱网使得系统功率缺额超过了系统的频率响应容量，进而导致了系统频率的剧烈波动。

1. 怀蒙德利-伊顿索肯线路单相接地跳闸原因

根据气象服务公司（Meteo Group）所提供的数据，16：52：33，在怀蒙德利-伊顿索肯线路附近被探测到发生了三次雷击。经过保护动作数据的详细分析，可以确定这三次雷击是导致该线路故障跳闸的直接原因。

2. 霍恩西海上风电场脱网原因

故障中，风电机组控制系统的设计缺陷导致了在雷击短路故障触发时，无法在次同步频率范围内产生足够的电气谐振阻尼。这导致了保护装置动作，切除了故障风机。为了解决这一问题，减少类似故障的发生，奥尔斯特德（Orsted）公司已经对霍恩西海上风电机组的控制系统进行了更新和升级。

3. 小巴福德电厂切机原因

根据运营商 RWE 的初步调查结果，小巴福德电厂汽轮机首先被切除的原因是机组的三个转速测量信号不一致，可能导致了保护装置动作。目前，运营商仍在深入调查这一问题的具体原因。

4. 分布式电源脱网原因

根据英国国家电网 ESO 的分析，英国电网的分布式电源主要包括光伏、小燃机、小内燃机等，这些设备都配备了失电（loss of mains，LOM）保护。在这次故障中，分布式电源的保护策略主要有频率变化率保护和矢量偏移保护（vector shift）两类。故障中系统的某些部分经历了非常快的频率变化，频率变化率可能达到 0.125Hz/s 以上，矢量偏移也超过了 6°，这导致分布式电源的保护装置动作，约 50 万 kW 的分布式电源脱网。此外，一些分布式发电用户表示，当系统频率跌落到 49Hz 以下时，相应保护装置动作导致约 20 万 kW 的功率损失。

5. 系统频率下跌诱发低频减载原因

在本次故障发生前，英国电网中的风电、直流等电力电子并网电源的出力占比已经超过了 40%。这些电源的并网对电网的稳定运行带来了一定的挑战。故障中，系统的功率缺额远大于系统预留的 100 万 kW 频率响应能力，这导致了系统频率的快速跌落，最低时达到了 48.8Hz，并触发了低频减载的首轮动作，导致约 93.1 万 kW 的负荷被切除，避免了频率崩溃的发生。

五、启示及措施

在这次英国电网大停电故障中，Wymondley-Eaton Socon 线路因雷击而发生跳闸，成为故障的直接原因。同时，英国电网中的一座火电厂、一座海上风电场和大量分布式电源因受扰动而切除大量机组，导致电网出现大容量的功率缺额进而造成系统频率快速跌落。由于系统频率的快速跌落，低频减载装置被触发，最终导致约 93.1 万 kW 的负荷被切除。我国电网应从本次英国 8·9 故障中汲取经验，采取系列措施来提高电网安全性和稳定性，并充分重视以下环节：

（1）在含高比例新能源及区外直流馈入电网运行方面，建议采取以下措施：要深入研究电网的运行特性，包括系统惯量与频率稳定性。通过专项研究和技术创新，实现在线监测系统转动惯量，提高电网应对新能源和高比例直流馈入带来的挑战。要联合政府和发电企业，共同推进机组深度调峰和爬坡速率等涉网性能的提升，通过优化调度和管理，降低新能源电站出力的波动性，提高电网的稳定性和可靠性。要深化大规模"源网荷储"系统建设，整合各类资源，提升电网的调节能力。通过优化储能技术和需求响应机制，增强电网灵活调节能力。

（2）在风电新能源并网方面，建议采取以下措施：强化新能源发电并网性能的检测和管控，确保并网新能源机组达到涉网性能标准。通过定期检测和评估，确保机组性能稳定可靠。加强新能源厂站设备参数及保护定值的管理，确保设备参数的准确性和保护定值的合理性。通过建立完善的设备管理体系，降低安全风险。研究新能源机组的脱网延时定值与第三道防线轮次延时定值之间的匹配关系，优化保护控制策略。要开展海上风电并网系统的次同步振荡问题研究，增加风电场 SVG 装置的次同步振荡抑制功能，提高海上风电并网系统的稳定性。要优化新能源电站内部 PMU 配置，提高数据采集的准确性和可靠性。

（3）在分布式电源管理方面，建议采取以下措施：加强分布式电源并网管理，对分布式电源的频率和电压保护定值进行梳理和规范，确保其符合电网运行的要求。同时，完成对分布式光伏的排查和整改工作，确保其安全、稳定地并入电网。研究修订现有分布式电源标准电压和频率保护部分内容，分析系统频率稳定需求和系统故障电压跌落情况。要做好电网技术监督工作，加强低频低压减载装置策略、分布式电源防孤岛保护相关研究。

（4）针对发电机组的一次调频性能优化，建议采取以下措施：强化对风电场及光伏电站一次调频功能的管理，明确并提出新能源厂站配置一次调频装置的要求，同时深入研究适用于新能源厂站特定运行特性的一次调频控制策略。要研究增强常规火电机组以及新能源厂站一次调频功能的在线动态计算与实时监控能力，着力提升对于各类机组可调功率精确度的测算水平。要研究改进和优化发电计划编制以及运行状态监测体系，充分利用燃气发电机组灵活调节优势，充分发挥其在应对电网紧急状况下的应急调节作用。

（5）在电网系统第三道防线优化方面，建议如下：要高标准实施电网年度低频低压减负荷分配方案的动态调整，并确保相关装置年度校准得以高质量落地执行。要全面梳理和更新控制负荷对象清单，及时完成相关替换与整改工作。要将可中断负荷资源有效整合纳入低周减载动作轮次中，增设 49.25Hz 轮次策略，降低因低频减载动作后可能引发的社会影响范围。要加强在新能源高渗透率背景下电网第三道防线低频减载方案的适应性分析研究，以确保在大规模新能源接入情况下系统安全稳定运行。要推进用户侧保护配置及整定参数的研究工作，督促重要用户加强保护策略排查力度，完善保护动作策略。

## 案例 2 "3·21"巴西大停电

### 一、概要

在巴西当地时间某年 3 月 21 日下午 3 时 48 分，位于巴西电网的欣古

500kV交流母线分段开关由于过负荷跳闸，这致使欣古换流站失压。随后，美丽山一期直流双极同时闭锁，造成高达400万kW的电力输送中断。这一事件触发了一系列连锁反应，最终导致巴西全国互联电力系统（Sistema Interligado Nacional，SIN）损失总计2052.5万kW负荷，负荷损失占比高达26%。

## 二、故障前运行方式

巴西的国家电力系统（SIN）被划分为六个主要区域电网，即北部、东北部、西北部、中西部、东南部以及南部电网。截至2017年底，巴西已经投入运行了四项高压直流输电线路项目（不包括背对背直流输电系统），分别是伊泰普直流工程的一期和二期，以及马德拉河直流工程的一期和二期。按照计划，美丽山直流输电工程的第一期与第二期分别于2018年和2019年相继投入运营。

本次故障起始于巴西东北部美丽山水电站送出系统中的欣古（Xingu）换流站。该水电站装机容量1123万kW，位列全球第三大水电站，紧跟在我国三峡水电站和巴西与巴拉圭共同拥有的伊泰普水电站之后。美丽山水电站送出系统包括两条±800kV的高压直流输电线路以及若干500kV交流输电线路。其中，直流线路的起点位于北部电网区域内的欣古换流站，而受端则分别连接至南部电网的两个换流站：一期工程的伊斯坦雷都（Estreito）换流站和二期工程的瑞奥（TerminalRio）换流站。一旦这些直流线路建成并投入运行，它们将与北部电网以及连接北部与南部的联络线共同构成一个庞大的交直流混联系统。

**1. 故障前巴西电网运行情况**

在故障发生前，巴西电网的发电分布、负荷需求以及各区域电网间的功率交换情况如图8-4所示。北部电网大规模向其他区域输送电力，与此同时，东北部电网则主要以电力受入为主，东南部和中西部电网同样存在一定的电力受入需求。巴西全国联网系统（SIN）的总负荷大约为7935.5万kW，其中北部电网与东北部电网负荷约为1855万kW，占到整个巴西国家电网总负荷的大约23.4%。从发电资源来看，水电作为巴西电力供应的主要支柱，水电站提供的电力量达到了约6330万kW，这相当于巴西全国联网系统（SIN）总负荷需求的79.8%。此外，在巴西北部、中西部/东南部以及南部电网中，除了东北部电网之外，水电出力均占据了各自区域内总发电量的85%以上。

在故障前各区域电网之间的电力交换方面，巴西北部电网丰富的水电资源和较低的本地负荷需求，对外输送电力大约735万kW。与此同时，东北部电网受入电力达360万kW。另外，南部、东南部以及中西部电网作为一个整体，

## 第八章 国外大停电故障

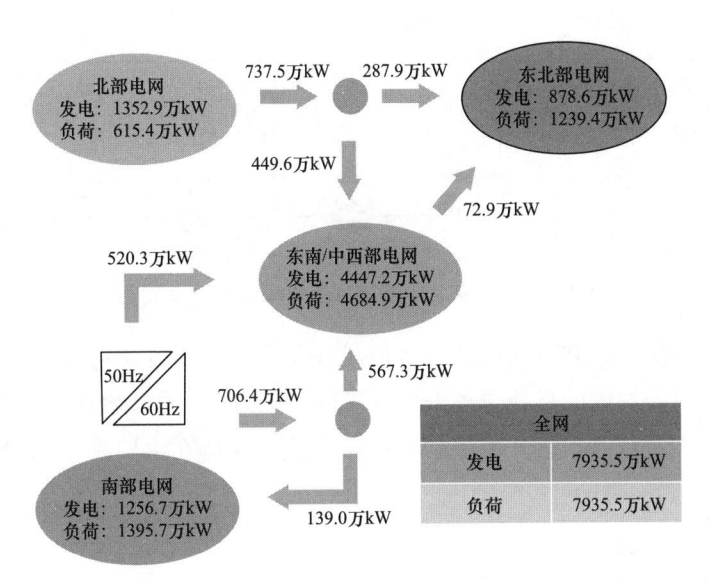

图 8-4 故障前巴西电网发电、负荷需求及电力流示意图

构成了巴西电网的主要负荷中心区域，这一大受端电网体系通过与北部电网、东北部电网连接，并借助伊泰普直流输电系统和马德拉河直流输电系统，从这些地区及直流线路总计受入电力超过 1600 万 kW。

2. 故障前欣古换流站运行情况

在故障发生之前，美丽山水电站运行 7 台机组，总发电量达 402.1 万 kW，而与之相连的美丽山直流一期工程也处于正常运行状态，在当天 15：47 左右，直流输电线路输送功率正在逐步提升，并已上升到 392.3 万 kW。Gurupi-Miracema 三回线为北部电网与东南部电网的联络断面、P. Dutra-Teresina Ⅱ 500kV 两回线、P. Dutra-B. Esperança 500kV 一回线、Colinas-R. Gonçalves 500kV 两回线是北部电网与东北部电网的联络断面。

欣古换流站的主接线图如图 8-5 所示，在 3 月 21 日当天，该换流站的交流母线部分当时正处于施工阶段。故障发生前，500kV A 母线单母运行，而 500kV B 母线则出于设备安装需要处于停电状态。欣古换流站与外部交流电网以及美丽山水电站（Belo Monte）之间的联络线路均连接至正在运行的 500kV A1 母线上。与此同时，美丽山一期直流输电工程的双极系统则是接入 500kV A2 母线上。美丽山一期直流双极系统的电源通过母线分段开关 9522 实现与 500kV A1 母线的连接，并由此间接与交流电网相连通。值得注意的是，母线分段开关 9522 是美丽山一期直流双极接入交流系统的唯一通道。

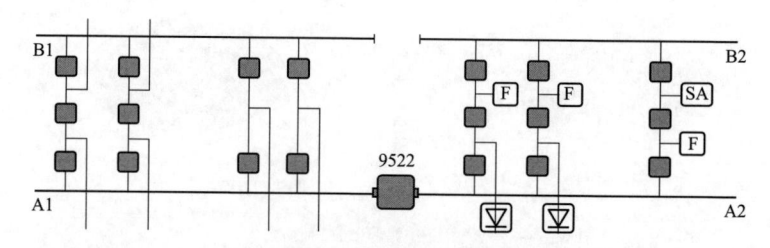

图 8-5　故障前欣古换流站 500kV 主接线示意图

在故障发生时，欣古换流站的交流母线工程正处于施工阶段，因此西门子公司尚未针对该站内的母线分段开关 9522 进行针对性的参数计算和整定工作。这意味着，在故障前，该开关保护跳闸整定值仍保持在出厂预设的状态，即整定值为 4000A。

三、故障经过

1. 具体过程

本次故障由 6 个主要事件组成。

（1）事件 1 发生时间：3 月 21 日 15：48：03.245 欣古站 500kV 母线分段开关（9522）过流保护动作跳闸，造成美丽山直流系统接入的 A2 段交流母线失压，美丽山一期直流双极停运；然而，在此期间，安全稳定装置（SEP）并未发出切除发电机指令，致使美丽山水电站内的发电机组继续运行，从而引起了电力系统振荡。

（2）事件 2 发生时间：3 月 21 日 15：48：04.133。500kV 塞拉达梅萨（Serra da Mesa）站解列装置动作，导致北部和东南部电网联络线跳闸。

（3）事件 3 发生时间：3 月 21 日 15：48：04.229。500kV 毕杜特拉（P. Dutra）站保护动作跳闸，导致北部和东北部电网三回联络线断开。

（4）事件 4 发生时间：3 月 21 日 15：48：04.295。500kV 阿尔岗卡尔维斯（R. Goncalves）站保护动作跳闸，导致北部和东北部电网另二回联络线断开。

（5）事件 5 发生时间：3 月 21 日 15：48：04.379。北部电网与主网的其余 230kV 联络线跳闸，北部电网与其他电网解列形成孤网。

（6）事件 6 发生时间：3 月 21 日 15：48：06：448。500kV B. J. Lapa 站保护动作跳闸，导致东北部和东南部电网联络线断开，加上其他 230kV 线路跳闸，东北部电网形成孤网。

至此，巴西电网解列成三片区域电网：北部电网、东北部电网和东南部一南部电网。

在故障后续发展中，当北部电网进入孤网运行时，由于区域内严重的功率过剩，系统频率急剧上升，部分线路因过电压保护动作而跳闸。高频切机动作自动切除大约50台机组发生振荡，随后又采取措施切除约22台左右机组。但这一系列应急处理之后，北部电网失去了大部分电源支持几乎全网停电。

在故障发生时，东北部电网为防止系统频率过度下降导致崩溃，低周减载保护机制启动，并连续执行了五轮负荷切除操作，总共削减了368万kW的用电负荷。经过这一系列措施后，电网的运行频率得以恢复至接近60Hz左右。然而，保罗阿方索（Paulo Afonso）水电站内的两台机组由于自身保护装置误动跳闸，造成了东北部电网再次面临严重的功率缺失，使得电网频率骤降至58.5Hz以下，触发了一系列连锁设备保护动作，最终导致东北部电网大部分区域基本处于全面停电的状态。

在故障发生期间，东南部-南部电网因功率缺额，低周减载装置动作切除386.4万kW负荷后，系统恢复稳定运行。

在故障发生后的15：57时刻，巴西南部、东南部以及中西部电网总体上电力供应基本没有受到严重影响。北部电网和东北部电网，这两个区域在事故发生后遭受了严重的负荷损失。

（7）故障后电网恢复情况。故障发生后，巴西北部、东北部、南部、东南部/中西部都有不同程度的停电损失，其中北部损失负荷达94%，东北部损失负荷达99%，南部损失负荷达8.4%，东南部/中西部损失负荷达5.5%，总计2052.5万kW，约占故障前总负荷的26%。

巴西电网面对突发故障后随即进行紧急恢复作业。15：38开始，南部电网与中西部及东南部电网率先开始恢复供电，并在16：13左右实现了大部分区域的供电恢复工作。到了16：15，北部电网也开始恢复供电，直至17：53，北部电网完全恢复至正常供电。东北部电网则自16：18开始着手恢复工作，至20：55时已成功恢复了超过95%的地区供电。

2. 故障主要影响

本次大规模停电事件席卷了巴西全国23个州，受故障严重影响的有14个州，另外9个州受到一定波及。在北部和东北部电网区域内，大量输电线路被迫停止运行，导致这两个地区的电网与主网解列，引发了大面积停电，影响范围涵盖了14个州内多座城市的电力供应。在巴西南部、东南部以及中西部电网地区，由于与北部和东北部电网之间的连接被切断后，造成全网频率下降，低频减载启动切除部分负荷，总计约 366.5 万 kW。

**四、故障原因及分析**

（1）在故障之前，巴西电力监管机构（National Electric Energy Agency，ANEEL）为了确保美丽山水电站产出的电力能够及时并网送出，提出了欣古换流站在建设期间采用单母线接线运行模式。这一临时方案得到了巴西国家电力调度中心的认可，并接受了由此可能带来的单母线运行导致直流双极停运的风险。然而，相关部门没有对不同过渡阶段的系统运行风险及保护装置的适应性进行充分和详细的分析与研究。结果，在从第一阶段过渡到第二阶段时，未能及时针对分段开关的保护设定值进行重新计算与整定，使得保护跳闸的整定值仍然保持在出厂预设的 4000A 水平。故障前的过负载电流达到了 4400A，触发保护装置的正常动作，进而引发了整个停电故障。

（2）安全控制策略设计上存在不足之处，未能充分预见和评估过渡阶段可能遭遇的风险。尽管 ONS 已明确规定该工程必须配置相应的稳定控制措施以保障安全，但在实际规划中并未将两条 500kV 交流母线同时失去电压这一极端状况纳入考虑范围，同时也未对单母线在过渡运行期间可能出现的失压情况进行考虑。当故障导致分段开关 9522 动作跳闸后，直流系统闭锁并向安控装置发出指令要求切除 6 台发电机组。然而，在接收到这个信号时，由于现场实际母线电压已经降至零，安控装置按照其内部程序判断该信号不符合有效条件，因而没有执行并将切机指令转发至水电站。在整个事件过程中，直流系统的保护本身是正常的。

（3）在故障过程中，由于联络线解列导致东北部电网被迫独立运行，形成孤岛。当自动低频减载装置动作后，系统的频率暂时得到了控制。然而，保罗阿方索水电站内部保护系统发生误动作，错误地将两台正在运行的机组切除。这一误操作直接导致整个东北部电网的频率无法得到支撑而迅速下降，最终酿成了大停电故障。

（4）巴西电网虽然普遍部署了"第三道防线"的一系列安全措施，包括解列装置、低频/低压减载系统以及高频切机控制等手段，然而，在实际配置与运行中，这些"第三道防线"配置并不完善。因此，在遭遇极端故障条件下，这些安全措施往往无法有效地阻止大规模停电故障的发生。北部和东北部电网多次由于故障而与主网解列，进而引发几乎全区域范围内的大面积停电事件，这反复印证了巴西电网目前的"第三道防线"设置在应对极端情况时的可靠性和有效性需要进一步增强。

**五、启示**

（1）保护和安全控制装置的整定与运行维护是电力系统安全稳定的关键环节。回顾近年来全球范围内的多起大面积停电事件，不论是 2003 年的美加大停电，还是 2012 年印度的大规模电力中断故障，继电保护及安控设备的误动、拒动均扮演了触发故障或加剧故障后果的重要角色。具体到本次提及的巴西东北部电网区域，在 2011 年 2 月 4 日发生的一次重大停电故障中，线路保护的两次误动作以及一次发电厂保护的误动直接引发了整个东北部电网瘫痪。这些案例证明，对保护和安全控制装置的设计优化、整定准确性以及定期维护工作的重要性不容忽视。在电网结构发生变化或者运行方式调整时，必须确保及时更新各类保护装置的动作阈值和策略设置，并且重视不同保护及安控设备之间的协同配合从而保障电网的稳定可靠运行。

（2）在提升电力系统安全稳定性方面，强化"第三道防线"建设尤为重要。应着重增强电网对抗极端运行状况的能力，比如通过深化极端条件下电网安全稳定计算分析，优化和完善系统的紧急控制策略和装置配置。

（3）在电力系统管理中，制定并执行有效的故障应急处理及停电恢复预案至关重要。应始终坚持"安全第一、预防为主"的原则，建立一套详尽、标准化的故障预案，确保在面对突发故障时，调度人员能够迅速且准确地采取行动，有效遏制故障扩大，最大程度减少停电所带来的损失。此外，必须研究构建高效、科学的电网恢复预案，通过调度中心协调，合理安排电网、发电厂和用户之间的复电顺序与时间点，以防止在电网恢复过程中出现二次意外故障，从而确保电网能够尽快恢复。

## 案例3 "8·15"巴西大停电

**一、概要**

某年 8 月 15 日，巴西遭遇了一场规模空前的全国范围大面积停电事件。在这次故障中，巴西国家电网出现了大规模解列，分裂为三个相对独立的部分，即北部、东北部以及东南部与南部联合电网。总计有约 2255 万 kW 的负荷损失，占总负荷 31%。

其中，巴西北部地区的电网完全瘫痪，所有供电中断；东北部地区的电网遭受重创，电力负荷损失达到了该地区总负荷的 61%。除了尚未接入巴西国家电网的罗赖马州，巴西其余的25个州及首都巴西利亚联邦区的电力供应均受到了不同程度的影响，部分地区停电时间甚至长达六个小时。

### 二、故障前运行方式

巴西电网由北部、东北部、东南部和南部四大区域电网互联构成，全国范围内的交流输电骨干网络以500kV和230kV为主。两条±800kV特高压直流输电线路以及四条±600kV高压直流输电线路已成功投运，以实现长距离、大容量的电能传输。巴西水电资源丰富，发电总装机容量达到21300万kW，其中，水电装机容量达到10928万kW，占比为51%，新能源装机容量3914万kW，占比为18%。巴西电网最大负荷为8858万kW，且超过50%集中在东南部地区。巴西发电装机情况如图8-6所示。

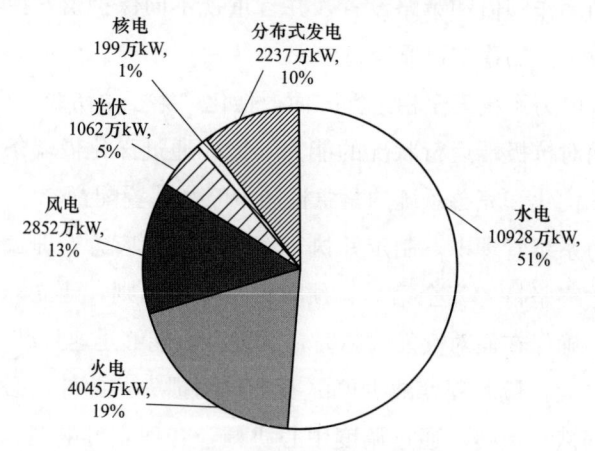

图8-6 巴西发电装机情况

在故障发生时段，正值巴西冬季枯水季节，全网负荷大约7300万kW。由于水电资源受限，东北部地区风电出力主要通过交流输电线路输送和经过北部水电基地（美丽山工程所建设的直流送出线路）转送至巴西东南部和南部负荷中心。负责从东北部向外输送电力的各交流输电断面均处于重载甚至满载状态。

### 三、故障经过

1. 具体情况

本次故障的起始时间为8∶30∶36.944，即$T_0$时刻，整个故障过程可以细分为13个关键事件，以下是主要时间线：

$T_0$时刻，首个事件（事件1）发生，东北部地区的500kV基沙达-福塔莱萨输电线路由于保护系统（SOTF）误动作而跳闸，该线路并未实际发生短路故障。

$T_0$+530ms，事件 2 发生，事件 1 导致电力潮流大规模转移，进而触发了东北部与北部电网之间重要联络点 500kV 杜特拉总统站送出四回线路跳闸，判断这些线路跳闸的原因是失步解列装置动作。

从 $T_0$+1687ms～$T_0$+2639ms 期间，事件 3～事件 9 相继发生，由于事件 2 严重破坏了电网结构，潮流转移引发了更大范围内的连锁反应，致使东北部与北部、东南部之间的多条联络线路也连续跳闸，主要为距离保护和失步解列装置动作。随着北部与东南部间的重大联络通道（古鲁皮-米拉塞马线路）断开，北部电网以及东北部电网的部分区域（主要包括塞阿拉州和皮奥伊州）首先与主电网解列。

$T_0$+5200ms，事件 10 发生，最初误动跳闸的 500kV 基沙达-福塔莱萨线路第一次自动重合，使得北部电网与东北部电网重新联网，但重合操作未能成功，导致北部电网及东北部局部电网（包括塞阿拉州和皮奥伊州）再次从主网中解列。

$T_0$+5241ms，事件 11 发生，北部电网和东北部局部电网最后一回区间联络线因距离保护动作跳闸，北部电网彻底与东北部局部电网（塞阿拉州和皮奥伊州此时停电）解列。与此同时，500kV 基沙达-福塔莱萨线路第二次进行了自动重合并最终成功，使得东北部局部电网（此时塞阿拉州和皮奥伊州的孤岛运行）与东北部主电网重新并网。

$T_0$+9156ms～$T_0$+18581ms，事件 12 和事件 13 相继发生，东北部与东南部电网之间的联络线持续发生连锁跳闸现象。随着最后一条 230kV 联络线路的断开，东北部电网最终与东南部电网完全解列。

在事件 9 发生后，北部电网连同东北部电网的部分区域与主网发生解列，东北部电网孤网运行。解列之后，由于新能源（如风能、太阳能等）大规模脱网，导致系统频率先出现升高随后急剧下降。在频率降低过程中，低频减载措施动作，导致东北部电网损失了大约 61% 的负荷。东南部-南部电网在失去与其他区域的电力交换后，也出现了系统频率偏低情况，同样低频减载动作，损失了约 20% 的负荷。

08：43 时，南部电网开始逐步恢复电力供应，并在 09：05 恢复全部中断电力。08：52，东南部电网也开始逐步恢复电力，并在 09：33 恢复全部中断电力。历经约 6h，在 14：49，巴西全国范围内互联电网恢复正常运行。

系统恢复工作首先由水电机组实施黑启动形成局部小规模的电力孤岛。在此基础上，多个独立运行的孤岛同步进行恢复，并根据实际情况适时安排孤岛间的互联。然而，在整个恢复过程中遭遇了若干困难，如应急通信渠道出现不畅（调度中心电话因大量来电无法有效应答）、部分水电站黑启动未能成功以及在频率控制环节出现失误导致低频减载动作被触发等。但通过快速响应和有效协调，整体上仍以相对较快的速度实现了电网系统的逐步恢复与稳定运行。

2. 故障主要影响

此次故障事件导致巴西主电网遭受重创，总计有 370 条输电线路停运，399 台变压器停运，主网停运设备情况如表 8-1 所示。

表 8-1　　　　　　　　各区域电网主网停运设备数量

| 地区 | 输电线路（条） | 变压器（台） |
| --- | --- | --- |
| 北部 | 156 | 199 |
| 东北部 | 202 | 196 |
| 南部 | 0 | 0 |
| 东南部/中西部 | 12 | 4 |
| 全国 | 370 | 399 |

在此次故障中，美丽山特高压直流输电工程的两回线路在故障发生期间保持了正常运行。其功率振荡阻尼和频率控制功能均能有效响应并正常动作。然而，在故障发生后大约 15s 内，由于北部电网因故障导致电压崩溃，美丽山特高压直流输电系统被迫停止运行。

四、故障原因及分析

自 2010 年以来，巴西电网遭受了多次大规模停电事件的冲击，其中至少有 5 次导致负荷损失量达到或超过 1000 万 kW 的重大故障，对历次停电情况的深入分析表明，巴西电网既有电网和电源结构上的问题也有安全管理和技术防线上的短板。

（1）巴西电网的网架结构在强度和适应性方面存在不足，其发展速度未能与近年来快速发展的东北部新能源产能保持同步。随着东北部地区风电等可再生能源项目的迅猛增长，相应的送出输电网络设施建设却相对滞后，目前主要依赖有限的 500kV 交流线路进行远距离电力输送。在本次停电故障中，由于东北部地区的风力发电量激增，送至东南部负荷中心的交流输电通道处于重载运行，同时部分电力还通过北部地区的直流外送通道进行了迂回传输。大量存在的高低压电磁环网结构增加了系统复杂性和不稳定性，在发生故障时导致电力潮流异常转移，从而引发了连锁性的断电反应。

(2) 巴西电网电源支撑不足，系统稳定性与可靠性不足。巴西东北部地区常规火电、水电等基础负荷电源装机容量相对较少，特别是在枯水季节，由于依赖于水资源的水电站出力大幅下降，导致该地区整体电源支撑能力严重不足。故障前，东北部电网中风电发电量占比高达73%，新能源成为主要电源。由于巴西电网新能源并网标准低，大量风电机组故障中脱网，进而加剧了东北部电网解列后的电力失衡状况，导致低频减载保护机制启动，最终造成超过一半负荷被切除。

(3) 巴西电网在技术防御措施方面存在明显短板。巴西电网二次系统装备的技术水平还不高。在这次故障中，直接触发停电的起因是保护设备误动作，随着故障的发展，大量输电线路由于距离保护装置的动作而相继跳闸，加剧了电力系统失稳。并且巴西电网主要依赖于低压解列等可靠性较低的技术手段来应对严重故障状况。然而，这类技术并未能有效抑制故障范围的扩大和连锁反应的发生。

(4) 巴西电网在安全管理方面存在明显不足。本次故障显示，电网运行方式未能满足电力系统运行的 $N-1$ 安全准则。巴西国调认为在事前对系统的规划和仿真过程中，发电企业提供的电源模型参数不够精确，导致模拟分析结果与实际运行状态产生较大偏差，据此制定的运行策略无法有效保障电网的安全稳定运行。巴西电网中设备资产所有权分散于不同主体之间，这种产权结构模糊了安全责任界面，造成了管理上的不规范和不统一，进而影响了整个电网的安全管理水平提升。

### 五、启示

(1) 在规划和建设电网系统时，应注重科学合理地构建网架结构。遵循分层分区、结构清晰、安全可控以及灵活高效的设计原则，确保电网能够适应新能源发电的快速增长趋势。这意味着需要打造一个既能有效接纳和输送大量风电、光伏等可再生能源电力，又能与传统火电、水电及直流输电相互协调、共同发展的电网架构。

(2) 在推动新能源基地建设时，须确保"三要素"（新能源基地、调节电源和输电通道）的同步发展，根据电力输送距离及规模需求，优先采用先进的高压直流或柔性交流输电技术，同时应考虑配套建设足够容量的调节性和支持性电源。

(3) 要不断提升电网安全防护能力，必须持续强化电网仿真技术的建设工作，并进一步巩固和完善电力系统安全防御体系中的"三道防线"。在设备和技术选择上，应积极推广使用先进可靠技术装备。切实做好元件 $N-1$ 安全性评估、继电保护定值适应性检验、失步解列策略合理性分析。

（4）要强化对电力系统安全稳定性的管理力度，需持续坚守并发扬统一规划、统一调度和统一管理的体制机制优越性，构建一套适用于新型电力系统的稳定管理体系，确保《电力系统安全稳定导则》得以在全过程、全环节及全方位得到彻底执行。运用在线安全分析技术、新一代调度支持系统等先进的手段工具，以确保电力系统的风险始终保持在可控范围内。